上海市工程建设规范

住宅屋面及其他设施修缮改造技术标准

Technical standard for the repair and renovation of residential roofs and other facilities

DG/TJ 08—2456—2024

J 17764—2024

主编单位：上海市房地产科学研究院
上海市住宅建设发展中心
（上海市住宅修缮工程质量事务中心）

批准部门：上海市住房和城乡建设管理委员会
施行日期：2025 年 2 月 1 日

同济大学出版社

2025　上海

图书在版编目(CIP)数据

住宅屋面及其他设施修缮改造技术标准/上海市房地产科学研究院，上海市住宅建设发展中心(上海市住宅修缮工程质量事务中心)主编. --上海：同济大学出版社，2025.3.-- ISBN 978-7-5765-1526-8

Ⅰ. TU746.3-65

中国国家版本馆 CIP 数据核字第 2025R1P521 号

住宅屋面及其他设施修缮改造技术标准

上海市房地产科学研究院
上海市住宅建设发展中心　　　　**主编**
(上海市住宅修缮工程质量事务中心)

责任编辑　朱　勇
责任校对　徐逢乔
封面设计　陈益平

出版发行　同济大学出版社　　www.tongjipress.com.cn
(地址：上海市四平路 1239 号　邮编：200092　电话：021－65985622)
经　　销　全国各地新华书店
印　　刷　常熟市华顺印刷有限公司
开　　本　889mm×1194mm　1/32
印　　张　2.875
字　　数　72 000
版　　次　2025 年 3 月第 1 版
印　　次　2025 年 3 月第 1 次印刷
书　　号　ISBN 978-7-5765-1526-8
定　　价　30.00 元

上海市住房和城乡建设管理委员会文件

沪建标定〔2024〕440 号

上海市住房和城乡建设管理委员会关于批准《住宅屋面及其他设施修缮改造技术标准》为上海市工程建设规范的通知

各有关单位：

由上海市房地产科学研究院、上海市住宅建设发展中心（上海市住宅修缮工程质量事务中心）主编的《住宅屋面及其他设施修缮改造技术标准》，经我委审核，现批准为上海市工程建设规范，统一编号为 DG/TJ 08—2456—2024，自 2025 年 2 月 1 日起实施。

本标准由上海市住房和城乡建设管理委员会负责管理，上海市房地产科学研究院负责解释。

特此通知。

上海市住房和城乡建设管理委员会

2024 年 8 月 27 日

前言

根据上海市住房和城乡建设管理委员会《关于印发〈2020 年上海市工程建设规范、建筑标准设计编制计划〉的通知》(沪建标定〔2019〕752 号)的要求,上海市房地产科学研究院会同有关单位经广泛调查研究,认真总结实践经验,参考有关国内先进标准,并在广泛征求意见的基础上,编制了本标准。

本标准的主要内容有:总则;术语;基本规定;平屋面修缮改造;坡屋面修缮改造;外立面修缮改造;公共部位修缮改造;小区道路修缮改造;雨污混接改造。

各单位及相关人员在执行本标准过程中,如有意见和建议,请反馈至上海市房屋管理局(地址:上海市世博村路 300 号;邮编:200125),上海市房地产科学研究院(地址:上海市复兴西路 193 号;邮编:200031;E-mail:shfkkygl@163.com),上海市建筑建材业市场管理总站(地址:上海市小木桥路 683 号;邮编:200032;E-mail:shgcbz@163.com),以供今后修订时参考。

主 编 单 位:上海市房地产科学研究院
上海市住宅建设发展中心
(上海市住宅修缮工程质量事务中心)

参 编 单 位:上海建工四建集团有限公司
上海东方雨虹防水技术有限责任公司
上海静安建筑装饰实业股份有限公司
上海浦东建筑设计研究院有限公司
上海杨浦建筑设计有限公司
上海建筑装饰(集团)有限公司
上海宜士宜泉建设发展有限公司

上海住远建设工程监理有限公司
中建八局科技建设有限公司
上海圣奎塑业有限公司
上海勘察设计研究院(集团)股份有限公司

主要起草人员: 赵为民　何国平　古小英　潘　翔　曹　宇
张　蕊　钱昭羽　张　超　宋琪玮　何春晖
姜　敏　张　铭　谷志旺　王伟茂　曹佳雯
张　婵　陈春荣　董云霓　朱邦范　任剑锋
崔　莹　徐旦升　张士展　马浩人　张正洪
张世阳　刘砚文　刘丙强　常斯嘉　卞海涛

主要审查人员: 栗　新　徐　强　王　新　姚镇华　陈仕中
马伟骏　颜盾白

上海市建筑建材业市场管理总站

目　次

Contents

1 总 则

1.0.1 为提高旧住房屋面及其他设施修缮改造的技术水平，保证工程质量和安全，制定本标准。

1.0.2 本标准适用于本市旧住房的屋面及其他设施修缮改造工程。

1.0.3 旧住房屋面及其他设施修缮改造除应符合本标准外，尚应符合国家、行业和本市现行有关修缮和改造标准的规定。

2 术 语

2.0.1 屋面及其他设施修缮改造 repair and renovation of roofs and other facilities

旧住房屋面、外立面、公共部位、小区道路、雨污混接等改造或修缮活动。

2.0.2 平改坡屋面工程 reconstruction of flat roofs to sloped roofs

旧住房平屋面改为坡屋面的工程。

2.0.3 屋面翻新改造 roofs renovation

将原屋面结构板以上的各构造层铲除，并在结构板检查、修补后，通过重新设计、施工恢复屋面防水及保温等功能的活动。

2.0.4 修缮 repair

为保持屋面及其他设施的完好程度与使用功能，对其进行的维护、维修、补强等各种活动。

2.0.5 雨污混接 mixed connection of rainwater and sewage

分流制地区雨、污水管道连通，形成雨污水混流的排水方式。

2.0.6 雨污分流 rainwater and sewage diversion

用不同管渠系统分别收集、输送污水和雨水的排水方式。

3 基本规定

3.0.1 旧住房屋面及其他设施修缮改造时，应对环境或荷载变化所造成结构安全的影响进行分析评估，对存在安全隐患的结构缺陷应先进行检测鉴定，再做加固、修缮等相应处理。

3.0.2 高层建筑及有面砖、马赛克、水刷石饰面、石材饰面、GRC装饰线条的多层建筑涉及外墙面改造时，应按照相关规定委托第三方机构进行建筑外墙面质量及安全情况的专项检测，对有高空坠落物隐患的建筑应进行加固修缮等处理。

3.0.3 旧住房屋面及其他设施修缮改造项目的脚手架等登高设施架设应符合现行国家标准《建筑施工脚手架安全技术统一标准》GB 51210 和现行行业标准《建筑施工承插型盘扣式钢管脚手架安全技术标准》JGJ/T 231、《建筑施工扣件式钢管脚手架安全技术规范》JGJ 130、《高处作业吊篮安装、拆卸、使用技术规程》JB/T 11699 的规定。

3.0.4 旧住房屋面及其他设施修缮改造项目原有接闪器、引下线、接地装置等防雷设施失效、破损的，应按现行国家标准《建筑物防雷设计规范》GB 50057 的要求予以修复；旧住房无防雷设施的，应在改造中增设，改造后的防雷设施应满足现行防雷设计规范的要求。

3.0.5 旧住房屋面及其他设施修缮改造使用的材料、部件、设备等，应符合国家、行业及本市相关文件和标准规范的要求。

3.0.6 旧住房屋面节能改造宜按照现行上海市工程建设规范《既有居住建筑节能改造技术标准》DG/TJ 08—2136 的规定执行，热工性能等应不低于原屋面。旧住房外墙节能改造宜采用隔热涂料。

3.0.7 旧住房屋面及其他设施修缮改造项目使用的屋面、外墙保温材料燃烧性能等级应达到A级。

3.0.8 平改坡屋面工程、坡改坡屋面工程应保证建筑外观的整体性，改造后屋面形式、材料、色彩应与周边环境相协调。

3.0.9 屋面改造应符合现行国家标准《屋面工程技术规范》GB 50345、《屋面工程质量验收规范》GB 50207和现行行业标准《房屋渗漏修缮技术规程》JGJ/T 53、《民用建筑修缮工程施工标准》JGJ/T 112、《民用建筑修缮工程查勘与设计标准》JGJ/T 117及现行上海市工程建设规范《住宅修缮工程施工质量验收规程》DG/TJ 08—2261的规定，平改坡屋面、坡改坡屋面工程还应符合现行国家标准《坡屋面工程技术规范》GB 50693的规定，平改坡屋面工程还应符合现行上海市工程建设规范《多层住宅平屋面改坡屋面工程技术规程》DG/TJ 08—023的规定。

3.0.10 旧住房屋面及其他设施修缮改造项目应按照上海市建设工程消防监督管理相关规定执行，并接受相关部门的管理。旧住房屋面及其他设施修缮改造项目应按照相关行政管理部门审核意见的要求，使房屋的防火条件有所改善。

3.0.11 旧住房屋面及其他设施修缮改造项目宜综合考虑居民人口年龄结构等因素，适当增加、完善适老化改造方面的内容。

3.0.12 旧住房屋面及其他设施修缮改造项目工程完成后，建设方应组织物业服务单位、业主代表、监理单位、设计单位、施工单位等共同完成工程竣工综合验收和移交工作。施工单位应按国家有关规定，承担与业主合同约定的各个部位保修期内的维修责任和义务，物业服务单位负责日常的维护和保养工作。

4 平屋面修缮改造

4.1 一般规定

4.1.1 平屋面修缮改造包括平屋面防水层更新改造、平屋面翻新改造、平改坡、屋面防雷设施及屋面水箱防护设施修缮改造工程。

4.1.2 平屋面修缮改造工程应先通过现场查勘，确定屋面的渗漏情况、使用要求、安全性和节能现状等，再制定适宜的改造方案。

4.2 查勘与设计要求

4.2.1 现场查勘宜包括下列内容：

1 工程所在位置周围的环境、使用条件。

2 屋面防水层及细部构造的渗漏及完损情况。

3 屋面排水系统及细部构造。

4 屋面基层的完损情况。

5 防雷设施完损情况。

6 历次修缮改造屋面设计文件。

4.2.2 卷材、涂膜防水屋面渗漏修缮查勘应包括下列内容：

1 防水层裂缝、翘边、空鼓、龟裂、剥落、腐烂、积水等现象。

2 天沟、檐沟、檐口、泛水、女儿墙、立墙、伸出屋面管道、阴阳角、水落口、变形缝等细部构造的状况。

4.2.3 刚性防水层渗漏修缮查勘应包括下列内容：

1 刚性防水层开裂、起砂、酥松、起壳等现象。

2　分格缝内密封材料剥离、老化等现象。

3　出屋面管道、女儿墙等部位防水层及密封材料的破损程度。

4.2.4　屋面渗漏修缮改造的查勘，应明确屋面渗水部位、范围及原因。

4.2.5　屋面发生大面积渗漏时，应进行屋面翻新改造，并应符合现行国家标准《建筑与市政工程防水通用规范》GB 55030、《屋面工程技术规范》GB 50345 的规定。

4.2.6　屋面修缮改造工程应根据防水设计等级、使用功能、使用环境、建筑造型要求，结合现场查勘结果，出具针对性技术措施。

4.2.7　屋面修缮改造设计宜包括屋面防水、保温、防雷设施、水箱防护设施等内容。

4.2.8　修缮改造设计应与施工配合，当施工过程中发现设计文件与现场情况不符时，应及时修改设计。

4.2.9　屋面采用建筑找坡时，其坡度不应小于 2%。混凝土屋面檐沟、天沟的纵向坡度不应小于 1%。

4.2.10　平改坡屋面工程钢檩条的间距宜为 500 mm，屋面板板材的长度应为钢檩条间距的倍数，屋面板宽、厚分别宜为 150 mm、20 mm。

4.2.11　卷材、涂膜防水层破损及裂缝的修缮宜采用与其类型、品种相同或相容性好的卷材、涂料及密封材料。

4.2.12　刚性防水层的修缮可采用卷材、涂料、防水砂浆等材料，其分格缝应嵌填密封材料或铺贴不小于 300 mm 宽的防水卷材。

4.2.13　局部修缮时，新旧防水层搭接宽度不应小于 150 mm；整体翻修采用卷材时，其搭接宽度应符合现行国家标准《建筑与市政工程防水通用规范》GB 55030 的相关规定。

4.2.14　每幢建筑物应设不少于 2 根引下线，引下线之间距离应符合现行国家标准《建筑物防雷设计规范》GB 50057 的要求，引下线距墙面宜为 15 mm。

4.2.15 当接闪器锈蚀深度或长度大于表 4.2.15 的规定时，应拆除并按原样和原位置进行修复。

表 4.2.15 接闪器锈蚀深度及长度控制要求(mm)

用途 \ 规格 \ 材料 \ 锈蚀程度		锈蚀深度			锈蚀长度
		镀锌扁钢	圆钢	镀锌钢管	
接闪线(带)	25×4	2.5	—	—	300
	ϕ8	—	1	—	200
接闪杆	20	—	—	2	50
	25	—	—	2	50
	32	—	—	2	50

4.2.16 接闪线(带)的拆换长度不应小于 2 个支持点距离，接闪杆的拆换长度不应小于 1 m。

4.2.17 避雷接地电阻应符合现行国家标准《建筑物防雷设计规范》GB 50057 的要求；当实测后不能满足时，应增加接地极数量。

4.2.18 屋面水箱防护设施修缮改造设计应满足下列要求：

1 防护栏杆栏板与结构之间应进行可靠的连接。

2 防护栏杆栏板或水平构件的间隙应为 0.03 m～0.11 m。

3 防护栏杆栏板的净高不应低于 1.10 m，且栏杆栏板离地面 0.10 m 高度范围内不应留空。

4.2.19 屋面水箱防护设施修缮改造时，宜增设水箱给水管道防冻措施。

4.3 材料要求

4.3.1 平屋面修缮改造时材料选用应符合现行国家标准《屋面工程技术规范》GB 50345 的相关要求。

4.3.2 平屋面修缮改造采用的水泥强度等级不应低于 32.5 级，宜采用商品混凝土和预拌砂浆，钢筋强度等级不应低于 HPB300 级。

4.3.3 平屋面修缮改造用防水材料应依据屋面防水设防要求、建筑结构特点、渗漏部位及施工条件等选定，外露的屋面防水层应选用具有抗紫外线、耐老化性能的防水材料。

4.3.4 平屋面修缮改造中多种防水材料复合使用时，应符合下列规定：

1 不同材料之间应具有相容性。

2 合成高分子类卷材或涂膜的上部不得采用热熔型卷材。

3 涂膜防水层或刚性防水层宜设置在卷材防水层下面。

4.3.5 平改坡屋面工程的材料选用应符合下列要求：

1 钢材及焊接材料应按设计要求选用，其性能和质量应符合现行国家标准《热轧型钢》GB/T 706 等相关标准的规定，且钢材与焊条应具有质量证明书和检验报告。

2 屋面瓦宜采用玻纤胎沥青瓦、沥青波形瓦、合成树脂波形瓦等轻质瓦材。

4.3.6 屋面防雷设施改造的材料选用应符合现行国家标准《建筑物防雷设计规范》GB 50057 的要求。

4.3.7 屋面水箱防护设施修缮改造的材料选用应符合下列要求：

1 防护栏杆栏板的金属构件宜选用耐腐蚀、耐老化的材料。除不锈钢外，防护栏杆的其他金属材料和金属零部件的表面应进行耐腐蚀、耐老化处理。

2 防护栏杆栏板与混凝土结构采用后锚固件连接时，机械锚栓、化学锚栓和植筋材料应符合现行行业标准《混凝土结构后锚固技术规程》JGJ 145 的有关规定。

3 屋面水箱防护设施修缮改造用其他相关材料性能应符合现行行业标准《建筑防护栏杆技术标准》JGJ/T 470 的有关规定。

4.4 施工要求

4.4.1 屋面修缮改造工程中将原屋面各构造层铲除至结构板时，应对结构板进行处理，处理后的结构板应坚实、平整、干净、干燥，排水坡度应符合设计要求。

4.4.2 施工中所采用的界面剂应与屋面主要材料相容。

4.4.3 屋面采用防水卷材修缮时，施工应符合下列规定：

1 卷材进场应按规定进行复验。

2 基层的干燥程度应符合所选防水卷材的特性要求。

3 卷材施工宜平行屋脊铺贴，上、下层卷材不得相互垂直铺贴。

4 铺贴卷材时，除分格缝处外应采用满粘法。

4.4.4 屋面采用防水涂膜修缮时，施工应符合下列规定：

1 基层的干燥程度应符合所选涂料的特性要求。

2 涂膜防水层的厚度应符合设计要求。

3 对已开裂、渗水的部位，应凿出凹槽后再嵌填密封材料，并增设一层或多层带有胎体增强材料的附加层。

4 涂膜防水层应采用涂布或喷涂法施工。

5 防水涂膜应分道涂布，待先涂布的涂料干燥成膜后，方可涂布后道涂料，且前后两道涂料的涂布方向应相互垂直。

6 涂膜防水层修缮时，天沟、檐沟的坡度应符合设计要求。

4.4.5 屋面保温层施工时，应对防水层采取保护措施，不应对防水层造成破坏。板状保温材料的铺设应铺平垫稳、拼缝严密、找坡正确。

4.4.6 落水管、弯管等应顺插连接，且应固定牢靠。

4.4.7 屋面渗漏修缮施工严禁在雨天、雪天进行；五级风及以上时不得施工。施工环境温度应符合国家现行标准的规定。

4.4.8 平改坡屋面工程施工应符合相关标准要求。铺设轻质瓦材前，应先在檐口处基层上固定金属滴水板。

4.4.9 屋面防雷设施修缮改造施工应符合下列规定：

1 修换防雷接地装置前，应对接地体进行接地电阻测试，接地线和接地体开焊断裂时应予以修换，完好时应进行除锈及防锈处理。

2 修换防雷装置前，对避雷网（带）、引下线及断接卡子开焊、变形处应进行修复，对防锈漆脱落处应进行除锈及防锈处理。

3 修换接地装置及紧固件时应采用镀锌制品，各部位连接应牢固可靠。圆钢或扁钢之间的连接应采用搭接焊，搭接长度应符合下列规定：

1）圆钢与扁钢搭接不应小于圆钢直径的6倍，且应在两面施焊。

2）扁钢与扁钢搭接不应小于扁钢宽度的2倍，且应至少在三面施焊。

3）焊缝应平直、不间断，无夹渣、咬肉、汽泡及未焊透等情况。

4 修换用电设备的保护接地时，应进行检查测试。进户电源箱内接地线的虚接或断线处必须修复牢靠，保证安全供电。

5 修换电气设备外露接地线时应用铜线，严禁在地下利用裸铝线作为接地体或接地线。

6 修换防雷与接地装置时，应进行接地电阻测试，实测电阻值应符合查勘设计和有关标准的规定。

4.4.10 屋面水箱防护设施修缮改造施工应符合下列规定：

1 不锈钢栏杆栏板及饰件的连接焊接应采用不锈钢焊条氩弧焊，焊缝长度、高度应满足设计要求。

2 防护栏杆栏板主要受力构件采用螺栓连接时，螺栓应紧固，并应有防松脱措施。

4.5 质量要求

4.5.1 平屋面修缮改造工程应按现行上海市工程建设规范《住宅修缮工程施工质量验收规程》DG/TJ 08—2261 的相关规定进行验收。

4.5.2 平改坡屋面工程质量应符合下列要求：

1 平改坡屋面不得有渗漏和积水现象。

2 平改坡屋面工程所用的材料应符合相关标准和设计要求。

3 平改坡屋面的坡度应符合设计要求，排水系统应畅通。

4 卷材铺贴方法和搭接顺序应符合规范要求，搭接宽度应正确、接缝严密，不得有皱折、鼓泡和翘边。

5 平改坡屋面工程的节点做法应符合设计要求。

6 钢结构的安装、连接和焊接质量应达到设计要求和相关标准的规定要求。

4.5.3 平屋面修缮改造工程质量应符合下列要求：

1 屋面不得有渗漏和积水现象。

2 平屋面修缮改造工程所用的材料应符合相关标准和设计要求。

3 防水层完工干燥 48 h 后应做 24 h 蓄水试验，不渗不漏为合格。第一次试水合格后即可做保护饰面层。保护饰面层施工完毕应做第二次试水试验，以最终无渗漏为验收合格。

4.5.4 屋面防雷设施修缮改造工程质量应符合下列要求：

1 避雷设施的敷设方式、材料的规格、尺寸及接地电阻值应符合设计要求。如无设计，除独立避雷针的接地体外，建筑物防雷接地和强电、弱电的工作接地、保护接地宜共用接地装置，其接地电阻值不应大于 1 Ω。

2 避雷针、避雷带位置应正确，焊接固定的焊缝饱满无遗漏，螺栓固定的防松零件应齐全，焊接部分补刷的防腐油漆应完整。新增避雷带应与原旧住房避雷系统可靠焊接。

3 避雷带应平整顺直，固定点支持件间距应均匀、固定可靠，每个支持件应能承受大于 49 N 的垂直拉力。

4 暗敷在建筑物抹灰层内的引下线应采用卡钉分段固定。明敷的引下线应平直、无急弯，与支架焊接处应采用油漆防腐，且不得遗漏。

4.5.5 屋面水箱防护设施修缮改造工程质量应符合下列要求：

1 屋面水箱防护设施修缮改造工程所使用的各种材料和配件应符合设计要求。

2 防护栏杆栏板与主体结构的连接、构件之间的连接应符合设计要求。

3 防护栏杆栏板的立柱、扶手、栏板均应安装牢固、可靠。

4 防护栏杆栏板的防腐处理措施应符合设计要求。

5 坡屋面修缮改造

5.1 一般规定

5.1.1 坡屋面修缮改造包括坡屋面翻新改造、屋面防雷设施及屋面水箱防护设施修缮改造工程。

5.1.2 坡屋面修缮改造前，应先对建筑屋面的附加设施和附属设施进行查勘，对查勘中发现的安全和质量问题应先进行处理，再进行后续改造。

5.2 查勘与设计要求

5.2.1 现场查勘宜包括下列内容：

1 工程所在位置周围的环境、使用条件。

2 屋面防水层及细部构造的渗漏及完损情况。

3 屋面排水系统及细部构造。

4 屋面基层、屋架和保温层的牢固、平整情况及其他功能的损坏程度。

5 防雷设施完损情况。

6 历次修缮改造屋面设计文件。

5.2.2 坡屋面渗漏修缮改造的查勘，应明确坡屋面渗水部位、范围及原因。

5.2.3 坡屋面修缮改造工程应根据防水设计等级、使用功能、建筑造型要求等，结合现场查勘结果，出具针对性技术措施。

5.2.4 坡屋面修缮改造设计宜包括屋面防水、保温、防雷设施等内容。

5.2.5 瓦屋面天沟、檐沟渗漏修缮应符合下列规定：

1 混凝土结构的天沟、檐沟渗漏水的修缮应符合现行行业标准《房屋渗漏修缮技术规程》JGJ/T 53 的规定。

2 成品天沟、檐沟应根据损坏程度确定局部修缮或整体更换。

5.2.6 混凝土结构坡屋面出现大面积渗漏时，应铲除屋面构造至结构板，进行结构裂缝修补后，再进行屋面防水、保温、保护、屋面瓦的恢复，并应符合现行国家标准《建筑与市政工程防水通用规范》GB 55030、《屋面工程技术规范》GB 50345 的规定。

5.2.7 沥青瓦大面积老化时，应全部拆除沥青瓦，并按现行国家标准《屋面工程技术规范》GB 50345 的规定重新铺设防水垫层及沥青瓦。

5.2.8 整体改造后的屋面瓦，宜采用玻纤胎沥青瓦、沥青波形瓦、合成树脂波形瓦等轻质瓦材。

5.2.9 更换的瓦件应采取固定加强措施，坡屋面檐口修缮宜更换成品檐沟及水落管。

5.2.10 坡屋面防雷设施改造设计应符合本标准第 4.2.14 条～第 4.2.17 条的规定。

5.3 材料要求

5.3.1 防水材料选用应符合现行国家标准《建筑与市政工程防水通用规范》GB 55030 的有关规定。

5.3.2 合成树脂瓦的选用应符合现行行业标准《合成树脂装饰瓦》JG/T 346 的有关规定，合成树脂瓦屋面使用的配件产品的规格和技术性能应符合相关标准的规定。

5.3.3 玻纤胎沥青瓦的选用应符合现行国家标准《玻纤胎沥青瓦》GB/T 20474 的有关规定，沥青瓦屋面使用的配件产品的规格和技术性能应符合相关标准的规定。

5.3.4 钢材及焊接材料应按设计要求选用，其性能和质量应符合钢结构规范的规定。

5.3.5 金属材质的顺水条、挂瓦条应做防锈处理。木质顺水条和挂瓦条应采用等级为Ⅰ级或Ⅱ级的木材，含水率不应大于18%，并应做防腐防蛀处理。

5.3.6 外露环境中使用的防水材料应具有耐候性能，其防火等级不应低于 B2 级。

5.3.7 屋面防雷设施改造的材料选用应符合本标准第 4.3.6 条的要求。

5.3.8 屋面水箱防护设施修缮改造的材料选用应符合本标准第 4.3.7 条的要求。

5.4 施工要求

5.4.1 坡屋面周边和预留孔洞部位必须设置安全防护栏和安全网。

5.4.2 坡屋面瓦系统铲除后，原持钉层基面达不到后续防水施工基层要求的，应涂刷基层界面处理剂，采用商品砂浆进行找平处理。

5.4.3 瓦屋面渗漏修缮施工应符合下列规定：

1 更换的块瓦应铺设整齐，彼此紧密搭接，并应瓦榫落槽、瓦脚挂牢、瓦头排齐。

2 更换的油毡瓦应自檐口向上铺设，相邻两层油毡瓦，其拼缝及瓦槽应均匀错开。油毡钉应垂直钉入油毡瓦，每片油毡瓦不应少于 4 个油毡钉，钉帽不应外露油毡瓦表面；当屋面坡度大于30%时，应增加油毡钉或采用沥青胶粘贴。

5.4.4 屋面防雷设施改造的施工应符合本标准第 4.4.9 条的要求。

5.4.5 屋面水箱防护设施修缮改造的施工应符合本标准第 4.4.10 条的要求。

5.5 质量要求

5.5.1 坡屋面修缮改造工程应按现行上海市工程建设规范《住宅修缮工程施工质量验收规程》DG/TJ 08—2261 的相关规定进行验收。

5.5.2 坡屋面修缮改造工程所使用的材料应符合设计和相关标准的要求。

5.5.3 天沟、檐沟应不渗不漏且符合验收标准后再进行屋面防水施工，屋面不得有渗漏或积水现象。

5.5.4 瓦片实用面和瓦底不应有缺角、砂眼、裂缝及小水槽断裂。

5.5.5 屋面应平服和顺，无垃圾，瓦头应挑出檐口。

5.5.6 瓦片穿孔的固定措施应符合设计要求。

5.5.7 泛水做法应符合设计要求或原屋面做法，顺直平整，结合严密，无渗漏。

5.5.8 瓦楞应顺直均匀，盖瓦应盖透底瓦，稍脚瓦不宜超过连续3张，小青瓦上、下瓦片搭接长度为瓦长的2/3。

5.5.9 樽楞应着实，坡度超过30%时，应用灰砂坐实樽楞。

5.5.10 斜沟瓦头应整齐、平稳，瓦斩2张～3张，蟹钳瓦应窝实。

5.5.11 木基层应牢固，平服和顺。挂瓦条应平整，间距与瓦片长度相适应；封檐板的修钉、拼接应牢固，接头应紧密；更换封檐板应做榫头，转角做夹角。

5.5.12 坡屋面质量要求应符合表5.5.12的规定。

表5.5.12 坡屋面质量要求

检查内容		质量要求(mm)
屋脊	每间平直度(新做)	20
	上口收进	3～5

续表5.5.12

检查内容			质量要求(mm)
屋脊	下口抛脚		20
	二头高度		≤80
	裂缝宽度		1≤,且结构性裂缝≤2
	空鼓长度		≤100
	瓦片进脊	新做	≥40
		翻做	≥30
屋面	瓦片盖透斜沟		50～90
	瓦片缺角,沿边裂缝长度		≤30
	樽楞间距		≤500
	蓑衣瓦盖出椽子、封檐板		≥20
	新做屋面每间下扰		≤30
	修理新里以上下扰		≤50
	瓦头挑出檐口(中、筒瓦)		50～70(40～60)
木基层	新做每间平直度		20
	修理新里以上每间平直度		40
	椽子间距偏差		25
	封檐板平直度(10 m 内)		8

注:计点单位:屋脊以已开建一条为1点;屋面及木基层以每一开间一面为1点;斜沟以一条为1点,封檐。

5.5.13 屋面防雷设施修缮改造应符合本标准第4.5.4条的质量要求。

5.5.14 屋面水箱防护设施修缮改造应符合本标准第4.5.5条的质量要求。

6 外立面修缮改造

6.1 一般规定

6.1.1 外立面修缮改造包括外墙涂料、面砖、马赛克饰面墙面、门窗洞口、墙体变形缝、穿墙管道根部、混凝土结构、雨篷根部、空调板等的修缮，外墙附着的雨水管、雨水斗、空调冷凝水立管以及明沟等的修缮改造。

6.1.2 外立面墙体渗漏宜以迎水面修缮为主。因房屋结构损坏造成的外墙渗漏，应先加固修补结构，再进行渗漏修缮。

6.1.3 外立面修缮改造前，应先确定房屋相关部位结构的安全性。当无法确定结构安全性时，应按照相关规定委托第三方机构对房屋相关部位结构进行检测鉴定。

6.1.4 外立面修缮改造前，应先对外立面的附加设施和附属设施进行查勘；对查勘中发现的安全和质量方面的问题应先进行处理，再进行后续修缮。

6.1.5 外立面修缮改造应符合现行国家标准《建筑与市政工程防水通用规范》GB 55030 及现行行业标准《建筑外墙防水工程技术规程》JGJ/T 235、《房屋渗漏修缮技术规程》JGJ/T 53、《民用建筑修缮工程施工标准》JGJ/T 112、《民用建筑修缮工程查勘与设计标准》JGJ/T 117 的规定。

6.2 查勘与设计要求

6.2.1 外墙修缮的查勘，应对重点部位及构造节点进行检查，并应包括下列内容：

1　抹灰墙面裂缝、空鼓、风化、剥落、酥松等完损情况。

2　面砖与马赛克墙面接缝、开裂、空鼓等完损情况。

3　外墙变形缝、外装饰分格缝、穿墙管道根部、阳台、空调板及雨篷根部、门窗框周边、女儿墙根部、预埋件或挂件根部、混凝土结构与填充墙结合处等节点部位的完损情况。

6.2.2　外墙饰面修缮前应明确基层损坏情况；当基层存在空鼓、开裂等损坏时，应先对基层进行处理；基层应牢固。

6.2.3　外墙面渗漏的修缮，应符合行业标准《民用建筑修缮工程查勘与设计标准》JGJ/T 117—2019 中第 9.4.3 条的相关规定。

6.2.4　对于孔洞的渗漏，应根据孔洞的用途，采取永久封堵、临时封堵或排水等维修方法。

6.2.5　对于预埋件或挂件根部的渗漏，宜采用嵌填密封材料、外涂防水涂料维修。

6.2.6　外立面防潮层渗水的处理，可采用化学注浆、重铺防潮层、置换混凝土防潮层或嵌入金属板等方法进行修缮。

6.2.7　外立面涂料饰面的修缮，应符合行业标准《民用建筑修缮工程查勘与设计标准》JGJ/T 117—2019 中第 10.4.1 条的相关规定。

6.2.8　外立面面砖、马赛克的修缮，应符合行业标准《民用建筑修缮工程查勘与设计标准》JGJ/T 117—2019 中第 10.4.2 条的相关规定。

6.2.9　建筑外立面附加设施的修缮，应符合行业标准《民用建筑修缮工程查勘与设计标准》JGJ/T 117—2019 中第 10.5.1 条的相关规定。

6.2.10　空调外机及有关设施的修缮，应符合行业标准《民用建筑修缮工程查勘与设计标准》JGJ/T 117—2019 中第 10.5.2 条的相关规定。

6.2.11　遮阳篷、雨篷、晾衣架及窗台花架等外立面附加设施的修缮，应符合行业标准《民用建筑修缮工程查勘与设计标准》

JGJ/T 117—2019 中第 10.5.3 条的相关规定。

6.2.12 空调板修缮时，应设置夏季空调室内机空气凝结水和冬季室外机化霜水有组织排放的管道。

6.3 材料要求

6.3.1 外墙渗漏修缮采用的材料，应符合行业标准《民用建筑修缮工程查勘与设计标准》JGJ/T 117—2019 中第 9.2.4 条的相关规定。

6.3.2 外墙饰面材料，应符合行业标准《民用建筑修缮工程查勘与设计标准》JGJ/T 117—2019 中第 10.2.1 条的相关规定。

6.3.3 附属、附加设施和建筑主体相连接的部位，宜采用不锈钢材料。

6.3.4 涂料体系的各组成材料应相容并配套使用。所选用的腻子应与涂料体系相容、性能匹配，并应符合现行行业标准《建筑外墙用腻子》JG/T 157 的相关规定，外墙用腻子的性能应符合表 6.3.4 的要求。

表 6.3.4 外墙用腻子的技术指标[a]

项目		技术指标		
		普通型(P)	柔性(R)	弹性(T)
容器中状态		无结块、均匀		
施工性		刮涂无障碍		
干燥时间(表干)(h)		≤5		
初期干燥抗裂性(6 h)	单道施工厚度≤1.5 mm 的产品	1 mm 无裂纹		
	单道施工厚度>1.5 mm 的产品	2 mm 无裂纹		
打磨性		手工可打磨		—
吸水量(g/10 min)		≤2.0		

续表6.3.4

项目		技术指标		
		普通型(P)	柔性(R)	弹性(T)
耐碱性(48 h)		无异常		
耐水性(96 h)		无异常		
粘结强度(MPa)	标准状态	≥0.60		
	冻融循环(5 次)	≥0.40		
腻子膜柔韧性[b]		直径 100 mm,无裂纹	直径 50 mm,无裂纹	—
动态抗开裂性(mm)	基层裂缝	≥0.04,<0.08	≥0.08,<0.3	≥0.3
低温贮存稳定性[c]		3 次循环不变质		
注:a 对于复合层腻子,复合制样后的产品应符合上述技术指标要求; b 低柔性及高柔性产品通过腻子膜柔韧性或动态抗开裂性两项之一即可; c 液态组分或膏状组分需测试此项指标				

6.3.5 耐碱涂覆中碱网布的性能指标应符合表 6.3.5 的要求。

表 6.3.5 耐碱涂覆中碱网布的性能要求

项目		性能指标	
		标准型网布	加强型网布
单位面积质量(g/m^2)		≥160	≥300
拉伸断裂强力(N/50 mm)	经向	≥1 650	≥2 850
	纬向	≥1 710	≥2 850
耐碱断裂强力(经、纬向)(N/50 mm)		≥1 000	≥1 500
耐碱断裂强力保留率(经、纬向)(%)		≥50	
断裂伸长率(经、纬向)(%)		≤5	

6.3.6 涂料体系应根据基层特性、所接触大气腐蚀环境和涂层设计使用寿命等因素合理选用,并应符合国家现行有关标准的要求。有害物质限量应符合现行国家标准《建筑用墙面涂料中有害

物质限量》GB 18582 的要求，宜采用水性外墙涂料。

6.3.7 涂料体系应与施工温度及湿度相适应。当施工工况、环境不能满足施工要求时，应采取可靠的技术措施或经设计许可后对涂料体系的选用进行更换。

6.3.8 常用的外墙涂料分为合成树脂乳液外墙涂料、弹性建筑涂料、合成树脂乳液砂壁状建筑涂料、复层外墙涂料、水性多彩建筑涂料、反射隔热涂料，其性能指标应符合表 6.3.8 的要求。

表 6.3.8 常用涂料品种及其技术指标要求

序号	涂料品种	技术指标要求
1	合成树脂乳液外墙涂料	应符合现行国家标准《合成树脂乳液外墙涂料》GB 9755 中一等品的技术指标规定
2	弹性建筑涂料	应符合现行行业标准《弹性建筑涂料》JG/T 172 中外墙部分的技术指标规定
3	合成树脂乳液砂壁状建筑涂料	应符合现行行业标准《合成树脂乳液砂壁状建筑涂料》JG/T 24 中外墙部分的技术指标规定
4	复层外墙涂料	应符合现行国家标准《复层建筑涂料》GB/T 9779 中一等品的技术指标规定
5	水性多彩建筑涂料	应符合现行行业标准《水性多彩建筑涂料》HG/T 4343 中外墙部分的技术指标规定
6	反射隔热涂料	应符合现行行业标准《建筑反射隔热涂料》JG/T 235、现行上海市工程建设规范《建筑隔热涂料应用技术标准》DG/TJ 08—2200 中外墙部分的技术指标规定

6.3.9 外墙采用防水装饰砂浆体系时，防水装饰砂浆宜具有优异的耐候性、粘接性、憎水性、透气性和耐污性，且与基层墙体材料相容，装饰砂浆颜料宜为无机颜料。防水装饰砂浆应符合表 6.3.9 及现行行业标准《墙体饰面砂浆》JC/T 1024 的性能指标要求。

表 6.3.9 防水装饰砂浆性能指标

序号	项目		技术指标
1	可操作时间	30 min	刮涂无障碍
2	初期干燥抗裂性		无裂纹
3	吸水量(g)	30 min	≤2.0
		240 min	≤5.0
4	强度(MPa)	抗折强度	≥2.50
		抗压强度	≥4.50
		拉伸粘结原强度	≥0.50
		老化循环拉伸粘结强度	≥0.50
5	耐沾污性(白色或浅色)	立体状/级	≤2
6	耐候性(750 h)		≤1 级
7	抗泛碱性		无可见泛碱

6.3.10 外墙饰面层修缮的材料应符合下列规定：

1 当外墙原饰面层为面砖饰面，破损面积小于 20%时，宜主要采用原面砖材料进行局部修缮，并做好相应的施工安全措施。

2 当采用大面整体修缮时，优先考虑材料之间的相容性，并应符合下列要求：

1) 宜以轻质涂装饰面为主，外墙涂料宜兼顾防水性能，并应符合相应的材料标准要求。

2) 饰面层宜做界面处理。

3) 饰面层上应做找平处理，找平处理的材料宜兼顾防水性，其施工厚度应符合材料性能及相关规范要求，同时需考虑安全措施处理。

4) 修缮所采用的系统宜考虑透气性。

6.3.11 墙面空鼓或裂缝部位需先进行细部处理，再进行局部或大面处理；墙面修补宜采用聚合物修补砂浆，修补砂浆性能应符合表 6.3.11 及现行行业标准《修补砂浆》JC/T 2381 的性能指标要求。

表 6.3.11　修补砂浆性能指标

序号	项目		指标要求
1	抗压强度(MPa)	28 d	≥30,且高于基体强度
2	抗折强度(MPa)	28 d	≥6.0
3	压折比	28 d	≤7.0
4	拉伸粘结强度(MPa)	未处理 14 d	≥1.0
		浸水	≥0.9
		热老化	≥0.7
		25 次冻融循环	≥0.7
5	干缩率(%)	28 d	≤0.1
6	界面弯拉强度(MPa)		≥2.0
7	抗渗压力(MPa)	28 d	≥1.5,且高于基体抗渗强度
8	吸水量(kg/m^2)	6 h	≤1.20
		72 h	≤2.00

6.3.12　当采用界面剂进行界面处理时,所选用的界面剂应符合现行行业标准《混凝土界面处理剂》JC/T 907 的规定,界面剂性能指标应符合表 6.3.12 的要求。

表 6.3.12　界面剂性能指标

<table>
<tr><th colspan="3" rowspan="2">项目</th><th colspan="2">指标</th></tr>
<tr><th>Ⅰ型</th><th>Ⅱ型</th></tr>
<tr><td>拉伸粘接强度</td><td colspan="2">未处理</td><td>≥0.6</td><td>≥0.5</td></tr>
<tr><td rowspan="5">拉伸粘接强度(MPa)</td><td rowspan="4">处理后</td><td>浸水</td><td rowspan="4">≥0.5</td><td rowspan="4">≥0.4</td></tr>
<tr><td>耐热</td></tr>
<tr><td>冻融循环</td></tr>
<tr><td>耐碱</td></tr>
<tr><td colspan="2">晾置时间,20 min</td><td>—</td><td>≥0.5</td></tr>
<tr><td colspan="3">横向变形(mm)</td><td colspan="2">≥2.5</td></tr>
</table>

注:1　Ⅰ型:适用于水泥混凝土的界面处理。

2　Ⅱ型:适用于加气混凝土或以粉煤灰、石灰、页岩、陶粒等为主要原材料制成的砌块或砖等材料的界面处理。

3　横向变形可选项目,根据工程需要由供需双方确定。

6.3.13 外墙整个立面修缮时宜增设防水层，防水层采用聚合物水泥防水砂浆时，其应与基层墙体材料相容，且质量应符合现行国家标准《建筑与市政工程防水通用规范》GB 55030、现行行业标准《聚合物水泥防水砂浆》JC/T 984 的规定，材料性能应符合表 6.3.13 的要求。

表 6.3.13 聚合物水泥防水砂浆技术指标

序号	项目		技术指标	
			Ⅰ型	Ⅱ型
1	凝结时间	初凝（min） ≥	45	
		终凝（h） ≤	24	
2	抗渗压力（MPa）	涂层试件 7 d ≥	0.4	0.5
		砂浆试件 7 d ≥	1.0	1.0
		砂浆试件 28 d ≥	1.5	1.5
3	抗压强度（MPa）	28 d ≥	18.0	24
4	抗折强度（MPa）	28 d ≥	6.0	8
5	柔韧性（横向变形能力）（mm） ≥		1.0	
6	粘结强度（MPa）	7 d ≥	1.0	1.0
		28 d ≥	1.0	1.2
7	耐碱性：饱和 $Ca(OH)_2$ 溶液，168 h		无开裂，剥落	
8	耐热性，100℃水，5 h		无开裂，剥落	
9	抗冻性—冻融循环：（−15℃～+20℃），25 次		无开裂，剥落	
10	收缩率（%）	28 d ≤	0.3	0.15
11	吸水率（%）		4.0	4.0

6.3.14 饰面整体翻修时，宜采用装饰性及粘接性优异的装饰砂浆作为外墙饰面材料，其性能指标应符合现行国家标准《建筑用墙面涂料中有害物质限量》GB 18582、《合成树脂乳液外墙涂料》GB 9755 及现行行业标准《墙体饰面砂浆》JC/T 1024 的规定，材料性能应符合本标准表 6.3.9 的要求。

6.3.15 雨水管、雨水斗、空调冷凝水立管材料宜符合下列要求：

1 雨水管宜优先采用 UPVC 承压雨水管，材料应有合格证、检验报告、质量保证书等证明材料。所用粘结剂应是同一厂家配套产品。

2 空调冷凝水立管宜采用 UPVC 管或镀锌钢管，材料应有合格证、检验报告及质量保证书等证明材料。

6.3.16 室外排水明沟的各构造层次应为素土夯实、垫层和面层，各层采用的材料、配合比、强度等级以及厚度应符合设计要求。

6.4 施工要求

6.4.1 外墙渗漏修缮前，应将损坏、空鼓、开裂的墙面完全修整，并将抹灰层、灰缝和积尘杂物等清除干净。

6.4.2 外墙渗漏修缮中，应防止污染周边墙面，且修缮部位饰面层颜色、纹理宜与未修缮部位保持一致。

6.4.3 外墙面抹灰修补时，应补抹规整平顺、牢固，与原抹灰面层色泽过度均匀，无明显色差。分格和细部的处理应符合查勘设计要求。

6.4.4 外墙面砖饰面层缺陷引起渗漏的修缮应符合下列规定：

1 饰面砖局部损坏时，应先铲除损坏的面砖，并清理干净后，再修补基层，然后用面砖粘结砂浆粘贴与原有饰面砖一致的面砖，并勾缝严密。

2 饰面砖接缝处渗漏时，应先清理渗漏部位的灰缝，并用水冲洗干净，再用填缝材料勾缝，接缝嵌填宜按先水平后垂直的顺序进行，且应连续、平直、光滑、无裂纹、无空鼓，填缝后应及时将表面清理干净。

6.4.5 外墙涂料饰面层缺陷引起渗漏的修缮应符合下列规定：

1 对于饰面层的龟裂、粉化、空鼓、起皮、剥落，应先铲除相应区域旧涂层至坚实基层，基层有缺陷的，按照查勘设计的要求对基层墙面进行处理；再按照界面剂、抗裂层、基层找平、底涂层、中涂层、面涂层的顺序进行涂料翻新施工，涂料翻新施工应符合现行行业标准《建筑涂饰工程施工及验收规程》JGJ/T 29 的相关要求。

2 对于宽度较大的裂缝，宜先沿裂缝开“V”形槽，并将槽内浮灰、杂物清理干净，涂刷界面剂，用抗裂砂浆嵌补密实后，再按基层找平、底涂层、中涂层、面涂层的顺序涂刷涂料。

3 涂料饰面时，应先涂刷外墙专用腻子，再按由上而下的顺序分多遍涂刷外墙涂料，涂饰工程质量应符合现行行业标准《建筑涂饰工程施工及验收规程》JGJ/T 29 的相关要求。

6.4.6 外墙非保温墙体裂缝引起渗漏的修缮时，应先沿裂缝开“V”形槽，将槽内浮灰、杂物清理干净，再涂刷界面剂，并在槽内分多次嵌填柔性密封材料，密封材料应饱满、密实，施工中不得裹入空气。若存在结构性裂缝，应先对结构性裂缝处理后再按上述规定进行修缮。

6.4.7 门窗框周边渗漏修缮时，宜先将窗框和墙体交接处断裂、翘边的密封材料铲掉并清理干净，再在室内外两侧重新嵌填密封材料，并抹刮平整、密实。

6.4.8 外墙渗漏进行翻修时，应符合下列规定：

1 清除外墙各构造层至基层，并按照查勘设计的要求对基层墙面进行处理。

2 面砖饰面时，应先做防水层，再重新敷设面砖饰面层。

6.4.9 外墙附着的雨水管、雨水斗及空调冷凝水立管修缮改造施工，应在外墙饰面工程全部施工完成后进行。

6.4.10 空调冷凝水立管的修缮改造施工，应在空调位置及立管位置弹线，找好标高。

6.4.11 空调机板及支架与外墙连接形式和外形尺寸应符合设计要求，焊接质量应符合现行国家标准《通风与空调工程施工质量验收规范》GB 50243 的相关要求。

6.4.12 外立面变形缝盖板保存完好的，宜进行表面清洗除灰除污。安装盖板时，应按设计节点图施工，盖板应与外立面连接牢固。

6.5 质量要求

6.5.1 外立面修缮改造基层质量应符合下列要求：

1 墙面基层应坚实、平整，无起皮、起砂、空鼓、开裂、松动、浮渣、浮灰、沾污等影响粘结的附着物。

2 墙面缺陷部位如空鼓、起壳、开裂需进行凿除重新修补的，修补部位应符合相关标准和设计要求。

6.5.2 柔性外墙批嵌腻子等外墙改造施工厚度应符合设计要求。

6.5.3 合成树脂乳液外墙涂料、弹性建筑涂料涂饰工程的质量应符合表 6.5.3 的要求。

表 6.5.3 合成树脂乳液外墙涂料、弹性建筑涂料涂饰工程的质量要求

项次	项目	质量要求
1	掉粉、起皮	不允许
2	漏涂、透底	不允许
3	泛碱、咬色	不允许
4	流坠、疙瘩	不允许
5	颜色、刷纹	颜色一致，无刷纹
6	光泽和质感	质感细腻，光泽均匀
7	分色线平直(拉 5 m 线检查，不足 5 m 拉通线检查)	偏差不大于 2 mm
8	五金、门窗等非涂饰部位	洁净

6.5.4 合成树脂乳液砂壁状建筑涂料、复层建筑涂料和水性多彩涂料涂饰工程的质量应符合表 6.5.4 的要求。

表 6.5.4 合成树脂乳液砂壁状建筑涂料、复层建筑涂料和水性多彩涂料涂饰工程的质量要求

项次	项目	质量要求
1	漏涂、透底	不允许
2	开裂	不允许
3	反锈、掉粉、起皮	不允许
4	泛碱、咬色	不允许
5	颜色	一致
6	五金、门窗等非涂饰部位	洁净

6.5.5 UPVC 管卡、管道等规格、材料、管径等应符合设计要求；UPVC 管卡间距应符合表 6.5.5 的要求；管道距墙距离应符合下列要求：

1 水平干管与墙、地沟壁净距应不小于 100 mm。

2 当 DN≤32 时，立管至墙面的净距应不小于 25 mm。

3 当 DN32～DN50 时，立管至墙面的净距应不小于 35 mm。

4 当 DN70～DN100 时，立管至墙面的净距应不小于 50 mm。

5 当 DN125～DN150 时，立管至墙面的净距应不小于 60 mm。

6 支管与墙面的净距宜为 20 mm～25 mm。

表 6.5.5 UPVC 管卡间距要求

管径(mm)	75	100
立管	1.5 m	2.0 m
横管	0.75 m	1.1 m

6.5.6 明沟应无断裂，排水应流畅，落水口应圆整光滑。明沟积水不超过 5 mm 深，上口平直度允许偏差 5 mm。

7 公共部位修缮改造

7.1 一般规定

7.1.1 公共部位修缮改造包括内墙、顶棚和地面饰面层及其基层修补，门窗修缮，单元入口与公共部位楼梯扶手、栏杆及台阶踏步、坡道等修缮。

7.1.2 公共部位修缮改造工作应满足基本使用功能，保证使用安全性和使用空间完整性、建筑内饰面整洁、管道管线排列整齐。

7.1.3 公共部位普通照明设施应能满足正常使用功能要求，应急照明设施应符合安全使用要求。

7.1.4 对房屋原有装饰完好部分，应充分进行利用。

7.1.5 公共部位面砖、石材饰面应确保安全，必要时应采取加固措施；损坏严重的，宜更换为涂料饰面。

7.2 查勘与设计要求

7.2.1 公共部位修缮改造前的现场查勘宜包括下列内容：

1 公共部位内墙、顶棚的饰面层、粉刷层、基层的牢固、平整、脱落等情况。

2 公共部位楼地面饰面层及其基层的起壳、起砂、裂缝等情况。

3 公共部位原饰面砖、石材墙面，以及电梯轿厢饰面板材的基层空鼓情况、饰面砖破损情况、粘结牢固情况。

4 公共部位门、窗框等部位连接牢固程度、松动等安全隐患；窗扇玻璃的完整性、窗扇开启的灵活性；铝合金门窗或塑料门窗滑槽、五金配件、玻璃胶封、紧固件、合页铰链等损坏情况。

5 楼梯扶手开裂、变形、缺损、松动、腐蚀等损坏情况。

6 楼梯金属栏杆断裂、变形、缺损、松动、腐蚀、脱焊等损坏情况；混凝土栏杆的牢固、开裂等损坏情况。

7 楼梯踏步结构表面存在裂缝、露筋、掉角及饰面层等损坏情况；楼梯踏步面防滑条存在缺失、损坏或其他人为私改变动的情况。

8 公共部位配电线路的敷设位置、导线截面、导线绝缘层损坏情况、电线管损坏情况等。

9 公共部位开关、插座、灯座、灯具、应急照明灯、安全出口标志灯、疏散标志灯等的使用现状。

10 公共部位智能化设施的设置情况。

7.2.2 公共部位钢门窗变形、开关不灵、锈蚀、渗水等修缮，宜采取下列措施：

1 钢门窗内外框翘曲、变形，可进行校正，内外框应垂直、平正。

2 钢门窗内外框锈蚀，可采用同规格型号的新材料局部拆换，并应焊接牢固。

3 钢门窗渗水，可采取硅胶密封剂密封，增加上披水、天盘做滴水槽，或门窗下槛钻出水孔等措施进行修缮。

7.2.3 公共部位铝合金门窗或塑料门窗窗框、窗扇严重变形时，应按原样式重新制作更换，且更换后门窗的各项物理性能指标不应低于原门窗。

7.2.4 公共部位门窗严重损坏时，宜按照相关标准进行更换。

7.2.5 公共部位楼梯扶手及栏杆的修缮应符合下列要求：

1 室内木楼梯、栏杆、扶手出现明显开裂、变形、残缺、磨损、松动、脱榫、腐朽、蛀蚀等损坏现象时，应对受损部位进行绑扎、加固、整修、替换等局部修缮。若受损情况严重或无法修复，应进行整体拆换。

2　室内金属楼梯栏杆、扶手存在断裂、变形、松动、脱焊、锈蚀等损坏现象时，应对受损部位采取补焊、整修、加固等修缮措施。损坏程度较严重时，应进行整体拆换。

3　混凝土楼梯、栏杆、扶手存在混凝土保护层脱落缺损、露筋等损坏现象时，应对损坏部位进行修复。

7.2.6　楼梯踏步存在缺失、损坏情况时，应进行增设或替换处理。

7.2.7　公共走道和楼梯间楼地面应做防滑处理。

7.2.8　公共部位配线线路存在安全隐患及损坏时，应进行拆换。

7.2.9　公共部位开关、插座、灯座、灯具、应急照明灯、安全出口标志灯、疏散标志灯的修缮，宜采取下列措施：

1　外壳破损及带电部分裸露的开关、插座、灯座，应进行拆换。

2　开关额定电流小于负载电流，应进行拆换。

3　开关、插座、灯头接触不良，且无法修复，应进行拆换。

4　灯具、灯头、吊扇配件缺损或使用不安全，应进行修缮或拆换。

5　应急照明灯、安全出口标志灯和疏散标志灯损坏或不能满足现行使用标准要求，应进行修缮或拆换。

7.2.10　公共部位智能化设施的使用性能不能满足现行标准要求的，应按有关标准进行修缮；智能化设施安装不完备的，宜加装门禁对讲系统、小区入口管理系统等智能化设施，同时新做或修缮小区内通信设施。

7.3　材料要求

7.3.1　涂料、腻子材料的选用及技术指标应符合下列要求：

1　涂料的材料品种、质量、色彩应符合设计要求。

2　室内用腻子的技术指标应符合现行行业标准《建筑室内

用腻子》JG/T 298 的规定，并应符合表 7.3.1 的要求。

3　涂料应选择符合相关标准要求的环保水性涂料。

表 7.3.1　腻子性能

项目			技术指标[a]		
			一般型(Y)	柔韧型(R)	耐水型(N)
容器中状态			无结块、均匀		
低温贮存稳定性[b]			3 次循环不变质		
施工性			刮涂无障碍		
干燥时间（表干）(h)	单道施工厚度(mm)	<2	≤2		
		≥2	≤5		
初期干燥抗裂性(3 h)			无裂纹		
打磨性			手工可打磨		
耐水性			—	4 h 无起泡、开裂及明显掉粉	48 h 无起泡、开裂及明显掉粉
粘结强度(MPa)	标准状态		>0.30	>0.40	>0.50
	浸水后		—	—	>0.30
柔韧性			—	直径 100 mm，无裂纹	—

注：a　在报告中给出 pH 实测值；
　　b　液态组分或膏状组分需测试此项指标

7.3.2　公共部位饰面层选用的材料品格、规格应符合设计要求。

7.3.3　扶手与栏杆的修缮所用材料应符合下列要求：

1　选用的材料的品种、规格应符合设计要求。

2　油漆应采用水性环保漆。

3　扶手材质应与原扶手材质相同或接近；若扶手材质为木制，其含水率应符合设计要求。

7.3.4　公共部位地砖选用材料及其规格应符合设计要求，并应符合现行国家标准《陶瓷砖》GB/T 4100 的相关规定。

7.3.5 公共部位照明应采用节能灯具，并应符合现行国家标准《建筑照明设计标准》GB 50034 的相关规定。

7.3.6 铝合金门窗加工制作应按现行国家标准《铝合金门窗》GB/T 8478 的相关规定执行。

7.3.7 塑料门窗加工制作应按现行国家标准《门、窗用未增塑聚氯乙烯(PVC-U)型材》GB/T 8814 及现行行业标准《塑料门窗工程技术规程》JGJ 103 的相关规定执行。

7.4 施工要求

7.4.1 墙体基层腻子、涂料施工应符合下列要求：

1 因渗漏而损坏的墙面或平顶装饰，应先对渗漏部位进行修复，再对饰面层进行修缮。

2 对于基层起皮、松动及鼓包等部位清除凿平，应将残留在基层表面上的灰尘、污垢和砂浆等杂物清除扫净。

3 基层应分遍找平，干燥后用砂纸将凸出处磨平，并将浮尘等扫净。阳角处宜贴装阳角护角条。

4 腻子批刮的遍数应按照设计要求确定。

5 对于门窗边角、线脚等需要保护的部位贴美纹纸进行成品保护，避免涂料沾污。

7.4.2 饰面砖、石材的修缮施工应符合下列要求：

1 内墙饰面剥落或起壳时，应凿除饰面层，基层找平后重新粘贴饰面材料。

2 饰面砖、石材修缮时，应选用专用粘结剂。

7.4.3 钢门窗的修缮施工应符合下列要求：

1 钢门窗的门窗框与墙体间应嵌缝密实；窗框安装应牢固，连接件数量、位置、连接方法及防腐处理应符合设计要求。

2 钢门窗的框、扇修缮应牢固，密封条应密实。

3 钢门窗修缮完毕的门窗应关闭严密，开关灵活，出水孔应畅通。

4 钢门窗玻璃更换时，应符合现行行业标准《建筑玻璃应用技术规程》JGJ 113 的规定，且根据使用位置及玻璃面积大小采用原厚度的玻璃。

7.4.4 铝合金门窗的修缮施工应符合下列要求：

1 门窗装入洞口应横平竖直，严禁将门窗框直接埋入墙体。

2 密封条安装时应留有比门窗的装配边长 20 mm～30 mm 的余量，转角处应斜面断开，并用胶粘剂粘贴牢固，避免收缩产生缝隙。

3 门窗框与墙体间缝隙不得用水泥砂浆填塞，应采用弹性材料填嵌饱满，表面应用密封胶密封。

7.4.5 塑料门窗的修缮施工应符合下列要求：

1 门窗安装五金配件时，应钻孔后用自攻螺钉拧入，不得直接锤击钉入。

2 门窗框和扇的安装必须牢固，且应符合设计要求。

3 门窗框与墙体间缝隙不得用水泥砂浆填塞，应采用弹性材料填嵌饱满，表面应用密封胶密封。

7.4.6 公共部位楼梯扶手、栏杆及踏步的修缮施工应符合下列要求：

1 楼梯修缮时，扶手、栏杆宜与原式样、材料一致。

2 全部新做时，扶手、栏杆的设计应符合国家现行有关标准的要求。

3 修缮后各种栏杆的设置高度、立杆间距和整体抗侧向水平推力，应符合国家现行有关标准的要求。

4 各类木质楼梯的修缮，应采取防潮、防蛀等措施。

5 油漆涂刷前，应对涂刷部位的杂物进行清理。

6 栏杆喷漆后应注意成品保护，以防损伤涂层。

7.5 质量要求

7.5.1 公共部位饰面质量应符合下列要求：

1 内墙饰面材料的品种、规格、图案、颜色和性能应符合设计要求及国家现行标准的有关规定。

2 内墙饰面砖、石材粘贴应牢固，大面和阳角应无空鼓。

7.5.2 门窗质量应符合下列要求：

1 门窗应关闭严密、开关灵活，质量要求或允许偏差应符合表 7.5.2 的规定。

表 7.5.2 门窗质量要求

检查内容		质量要求或允许偏差(mm)
框垂直度		3
对角线长度差		5
修理门窗扇关闭时缝隙		3
相邻高差	新做	8
	修理	10

2 钢窗表面应洁净、无明显刮痕。

3 外窗框部位应无明显渗水或外窗框连接墙面部位无明显水渍。

7.5.3 楼梯扶手、踏步验收应符合下列要求：

1 原材料的规格、质量应符合设计要求和国家现行有关标准的规定。

2 栏杆、扶手连接处或焊接处应牢固，产品表面应光洁，不应有毛刺、焊渣等明显外观缺陷。

3 栏杆装饰件的切割部位应挫平磨光，边角保持整齐，不得留下切割痕迹。

4 栏杆、扶手直线部位应调直，曲线部位应保持流畅光滑、花型一致。

5 栏杆、扶手漆面层应均匀、牢固，不应有肉眼可见的堆漆、漏漆等缺陷。

8 小区道路修缮改造

8.1 一般规定

8.1.1 小区道路修缮改造前应认真查勘内部路网结构与周边市政交通条件，预计交通发展、预期承担内容，小区内路网系统应与城市道路交通系统有机衔接。应对不符合消防要求的出入口进行改造，宜对小区内车行道路和人行道路进行划分，完善应急道路系统，保障应急道路通畅。

8.1.2 小区道路修缮改造应考虑消防车、救护车、运货车和垃圾车等救援车辆和生活必需车辆的通行，宜有降速等措施；消防车道改造应复核原地下室顶板的荷载要求。

8.1.3 小区人行道路宜连续安全和无障碍，有条件时可设置慢行步道。步行系统应地面平坦，有高差处应以缓坡过渡，不宜设置台阶。如必须设置台阶，应有明显的色彩变化和警示标志，有台阶处宜做扶手。

8.1.4 小区道路修缮改造的设计、施工与质量验收，应满足道路结构强度、稳定性、耐久性要求和各项消防安全要求。除应符合本标准的规定外，宜符合国家、行业以及上海市现行有关标准的规定。

8.1.5 小区道路铺装宜选用平整、防滑、耐磨、耐压、透水性好的铺装材料，并保证施工平整。

8.1.6 机动车位改造应在满足消防应急要求的前提下，结合小区道路交通条件，优化地面车位布局。

8.1.7 有条件的小区道路修缮改造项目宜满足无障碍设计要求。

8.1.8 小区道路修缮改造中消防车道和消防车登高操作场地不得调整或改为他用。

8.1.9 小区道路局部改造时应充分利用原路基路面结构和材料，合理选择技术先进、经济合理、安全可靠、方便施工、绿色节能的路基路面结构。

8.2 查勘与设计要求

8.2.1 小区道路修缮改造设计应考虑小区内行人、非机动车和机动车的通行要求，同时应完善排水、照明和交通设施，并应满足管线布设、绿化、景观的总体布置要求。

8.2.2 小区道路路网系统与城市道路连接处的车行路面应设限速设施。有条件的小区，在出入口等交通复杂区域可以通过设置软隔断、警示色或者标识等手段来实现人车分流。

8.2.3 小区道路应能通达住宅单元安全出口，每个住宅单元宜有一个出入口可以通达机动车，且通车条件不得低于道路改造前的水平。

8.2.4 在条件允许情况下，小区路、组团路和宅间小路道路宽度、纵坡控制指标以及边缘与建（构）筑物的最小距离应符合国家、行业以及上海市现行有关标准的规定。

8.2.5 居住区道路进行无障碍设计的范围应包括小区路、组团路和宅间小路，无障碍通道的坡度、宽度、高度、地面材质等应满足现行国家标准《建筑与市政工程无障碍通用规范》GB 55019 的相关要求。

8.2.6 应根据类型等级、沿线场地、地形地质、水文气象、原状条件等情况进行小区道路路基路面的设计。

8.2.7 小区道路修缮改造后路面应满足平整、抗滑、耐磨与低噪声等表面特性的要求，并考虑与小区环境景观协调性。

8.2.8 小区道路修缮改造增设慢行通道时宜采用彩色路面铺装，明确慢性通道功能，提供安全保障措施。

8.2.9 宜结合小区道路修缮改造，增加停车位及充电设施。

8.3 材料要求

8.3.1 小区道路原材料、成品半成品和预制构件应符合设计要求与国家、行业和上海市现行有关标准的规定。

8.3.2 路基中砂垫层材料宜采用中砂，细度模数为 2.3～3.0，质量应符合设计要求。

8.3.3 混凝土面层道路材料的技术指标应符合设计要求以及现行上海市工程建设规范《水泥混凝土路面加铺沥青混合料面层技术规程》DG/TJ 08—2184 的规定。

8.3.4 沥青路面的沥青标号宜按照交通条件、路面类型及在结构中的层位、受力特点、施工方法等合理确定，技术指标应符合下列要求：

1 热拌沥青混合料面层道路石油沥青、聚合物改性沥青、高黏度改性沥青的技术指标应符合设计要求及现行上海市工程建设规范《道路、排水管道成品与半成品施工及验收规程》DG/TJ 08—87 等相关标准的规定。

2 温拌沥青混合料沥青用量应符合配合比设计要求，矿料级配应符合设计要求及现行上海市工程建设规范《温拌沥青混合料路面技术规程》DG/TJ 08—2083 的规定。

8.3.5 小区道路修缮改造所用的配套混凝土构件外形尺寸及混凝土强度等级应符合表 8.3.5 的规定，出厂强度应不低于设计强度等级的 70%。

表 8.3.5 构件外形尺寸及混凝土强度等级

项次	产品名称	长×宽×厚(mm) 或直径×厚度(mm)	允许偏差(mm)	强度等级
1	小区雨水盖	410×310×65	长宽－5～0 厚度－2～4	C20

续表8.3.5

项次	产品名称	长×宽×厚(mm) 或直径×厚度(mm)	允许偏差(mm)	强度等级
2	小区雨水座	500×400×100	长宽－5～3 厚度－2～4	C20
3	小区检查井盖	334×334×50	长宽－5～3 厚度－2～4	C20
4	小区检查井座	420×420×100	长宽－5～3 厚度－2～4	C20
5	Ⅱ型雨水口侧石	1 000×300×120	长宽－5～3 厚度－2～4	C30
6	Ⅱ型雨水口平石	1 000×300×120	长宽－5～3 厚度－2～4	C30
7	侧石(立缘石)	1 000×300×120 1 000×400×150	长宽厚－3～4 平整度≤3,垂直度≤3	C30
8	平石(平缘石)	1 000×300×120	长宽厚－3～4 平整度≤3,垂直度≤3	C30

8.3.6 人行道铺贴的预制块、透水砖等制品的强度、外观和物理性能应符合现行上海市工程建设规范《城市道路桥梁工程施工质量验收规范》DG/TJ 08—2152 和《道路、排水管道成品与半成品施工及验收规程》DG/TJ 08—87 的相关规定。

8.3.7 侧平石规格选型应根据道路部位、弯道半径等因素确定,道路直线段用 100 cm 侧平石;弯道半径大于 15 m 时,用 60 cm 的侧平石;曲线半径小于 15 m 或曲线圆角部分,采用 60 cm 或 30 cm 的侧平石。

8.4 施工要求

8.4.1 改造施工前,应对现场环境条件、交通状况、管线分布等情况进行施工查勘,编制施工组织设计和分部分项工程施工方案。

8.4.2 小区原有道路路基路面及其附属设施拆除施工时，应选取合理的拆除方式和设备，挖方路基应严格控制开挖深度，拆除挖方施工应采取有效的扬尘、噪声控制措施。

8.4.3 路基碾压时，应制定合理的碾压顺序、方式、重叠宽度和速度，并对坑洼、弹软处按设计要求进行处理。

8.4.4 小区道路修缮改造新设侧平石施工应符合下列要求：

1 开槽应在路面中线校核后进行。

2 小区道路修缮改造路面为水泥混凝土路面的，应在路面完成后施工；为沥青路面的，侧平石应在路面基层完成后、未铺沥青面层前施工。

3 铺砌侧平石前应按侧平石顶面宽度误差的分类分段铺砌。

8.4.5 侧平石标高确定应符合下列要求：

1 按人行道石标高，确定侧石标高。

2 人行道进坡口处的侧石比平石高出约 1 cm～2 cm。

3 平石雨水口的标高应比平石低落 10 mm。

8.4.6 侧平石铺砌应用干硬性砂浆砌筑，砂浆灰缝应为平缝或凹缝，缝宽宜为 10 mm。平石与侧石应错缝对中相接，缝隙应小于或等于 10 mm。

8.4.7 混凝土路面施工前，应对基层进行水准高程复核并检查平整度，并按设计要求深化混凝土板块划分，采取有效的路基排水措施。

8.4.8 混凝土路面模板选用应与摊铺方式相匹配，纵横缝应分别选用钢、木模板，并涂刷脱模剂。

8.4.9 混凝土路面摊铺施工应根据材料情况及时调整摊铺的振捣频率或速度，混凝土浇捣摊铺后应及时进行分遍抹面。

8.4.10 混凝土路面的抗滑构造拉槽施工的深度、间距和宽度应符合设计要求。拉槽完毕后应及时养护、填缝，混凝土强度达到设计要求前应控制通行。

8.4.11 原有混凝土作为基层加铺沥青混合料时，应按设计要求对原混凝土路面进行处理、整平或补强，并对原混凝土面层的胀缝、缩缝、裂缝采取适当处理措施。

8.4.12 直接利用住宅小区原有沥青混凝土路面作为基层加铺沥青混凝土路面的，应根据旧路质量、设计要求对原有路面进行整平、拉毛、挖补处理。

8.4.13 沥青路面面层施工前应对基层或下卧沥青层进行检查，基层的强度、刚度满足设计要求，基层表面的坡度、拱度、高程与面层协调一致。

8.4.14 沥青混凝土路面应根据面层设计厚度和沥青混合料的种类、组成、施工季节，合理确定铺筑层次、分层厚度和搅拌施工温度，混合料拌制、运输、摊铺和碾压施工应符合现行行业标准《公路沥青路面施工技术规范》JTG F40、《城镇道路工程施工与质量验收规范》CJJ 1 和现行上海市工程建设规范《城市道路桥梁工程施工质量验收规范》DG/TJ 08—2152 的相关要求。

8.4.15 沥青混凝土路面接缝应紧密平顺、防止离析，可采用斜接缝或阶梯接缝形式。

8.4.16 热拌沥青混合料路面温度应降至 50℃以下后开放交通。

8.4.17 沥青混凝土路面交通标志和标线的颜色、形状、线条、字符、图形、尺寸应符合国家现行有关标准的规定。

8.5 质量要求

8.5.1 小区道路修缮改造施工应按路段、长度及施工特点或施工任务划分为若干个分部工程。分项工程应按主要工种、材料、施工工艺等进行划分。分项工程可由一个或若干个检验批组成。检验批可根据施工条件、质量控制和专业验收需要按小区或施工段等进行划分。

8.5.2 侧平石的直顺度、相邻块高差、缝宽和顶面高程应符合国家、行业和上海市现行有关标准的规定。

8.5.3 沥青混凝土路面的面层厚度、平整度、弯沉值、压实度、纵横坡、井框路面高差等应符合国家、行业和上海市现行有关标准的规定。

8.5.4 混凝土路面的外观质量、平整度、面层厚度、弯拉强度、抗滑构造、伸缩缝等应符合国家、行业和上海市现行有关标准的规定。

8.5.5 用建材成品铺设的人行道路面的平整度、与侧石高差、接缝顺直度、分格与积水等应符合国家、行业和上海市现行有关标准的规定。

9 雨污混接改造

9.1 一般规定

9.1.1 旧住房雨污混接改造一般包含建筑单体雨污分流改造和室外排水系统雨污分流改造。

9.1.2 对于位于现状分流制地区和现状合流制但规划分流制地区的住宅小区，宜实现完全的雨污分流；对于位于规划合流制地区的住宅小区，可暂不实施雨污分流改造。

9.1.3 雨污水混接改造项目宜结合场地条件融入海绵城市设计理念，宜采用低影响开发技术措施，削减径流污染和径流峰值。

9.1.4 室外排水系统雨污分流改造与建筑单体雨污分流改造除应符合本标准外，尚应符合现行国家标准《室外排水设计标准》GB 50014 与《建筑给水排水设计标准》GB 50015 的有关规定。

9.2 查勘与设计要求

9.2.1 雨污混接改造前，应进行资料收集、现场踏勘和雨污混接调查，宜同步开展管道清通和检测。

9.2.2 资料收集宜包括下列内容：

1 所在地区的区域排水专业规划。

2 相关市政道路的雨污水管道图纸或排水地理信息系统。

3 住宅小区周边道路地形图。

4 住宅小区总平面图。

5 住宅小区内部综合管线竣工图。

6 住宅小区雨污水管道竣工图和测量资料。

7 住宅小区建筑排水立管测量资料。

8 其他相关资料等。

9.2.3 旧住房雨污混接改造现场踏勘应包括下列内容：

1 各类下垫面和排水管网情况。

2 阳台废水混接情况。

3 小区排水管道的水位、淤积和水流等情况。

4 雨天积水情况以及积水的具体位置。

5 污水冒溢情况以及冒溢的具体位置。

6 建筑物内部污水倒灌情况。

7 小区沿街配套公建、商业等的污水预处理、接管情况。

8 路面、屋顶雨水口、雨水收集沟渠堵塞、杂物等情况。

9 屋(户)外立管、排水管等接管、破损等情况。

10 小区内景观水体的排水情况。

11 雨水、污水总出口接管和排放情况。

12 小区内生活垃圾转运点和清洗点污水排放情况。

13 排水设施日常检查维护情况。

9.2.4 合流制小区全面雨污分流改造中，原有合流管道可保留利用，并应符合下列规定：

1 对管道进行排水能力评估和检测，符合条件的合流管宜作为雨水管使用。

2 对于保留利用的合流管道应按需要进行清通和修复。

3 受客观条件限制，改造区域内无法同时埋设 2 根管道的，在确保污水收集的情况下，对雨水可采用散排或雨水沟(渠)排放。

9.2.5 小区排水管道的布置应根据小区周边市政排水管道的布置、小区地形标高、排水流向，按管线短、埋深小、尽可能自排流出的原则确定。当排水管道不能以重力自流排入市政排水管道时，应设置排水泵房。

9.2.6 小区新建雨水系统的排水能力，应达到与表 9.2.6 设计重现期要求同等的排水能力，可按照路面不积水进行校核。

表 9.2.6 雨水管渠设计重现期(年)

区域范围	雨水管渠设计重现期
主城区及新城	≥5
其他区域	≥3

注：1 按表中所列重现期设计暴雨强度公式时，均采用年最大值法。
2 雨水管渠应按重力流、满管流计算，按压力流校核路面是否积水。

9.2.7 在小区污水管道接入市政污水管道前应设置格栅检查井，格栅检查井设置的位置应避免对居民的生活造成影响且便于疏通养护。

9.2.8 对于市政实现完全雨污分流的区域，应根据排水管理部门相关规定，取消化粪池。

9.2.9 对私自将厨房或卫生间的污水连接至雨水排水系统的做法，应采取下列措施：

1 当因建筑沉降造成排出管断裂或倒坡时，应重新铺设污水排出管，接至小区污水管道，并拆除私接的污水管道。

2 当因检查井或主干管堵塞引起排水不畅时，应疏通或新建检查井和排水管道，并拆除私接的污水管道。

9.2.10 小区商业的餐饮废水在接入污水管网前，应设置隔油设施，并应单独敷设污水管道进行收集。

9.2.11 小区道路雨水口应与新建雨水管道连接，当路边有条件设置植草沟或下凹式绿地时，可将道路雨水口改建至绿地中。植草沟和下凹式绿地等低影响开发设施设计可参照现行国家标准《城镇内涝防治技术规范》GB 51222 的相关规定。

9.2.12 当小区存在雨天积水等情况时，应结合雨污分流改造，采取提高雨水管道排水能力、调整道路竖向、优化排水分区或设置低影响开发设施等方式，改善小区排水状况。如需扩大雨水管道管径，应结合市政道路雨水管道接口条件和区域排水规划的要求综合考虑后确定。

9.2.13 当阳台与屋面雨落水管共用立管，且存在雨污混接时，其改造可采用下列方法：

1 新建屋面雨落水管，原雨落水管改为阳台废水管，并应符合现行国家标准《建筑给水排水设计标准》GB 50015 的规定。新增雨落水管应设置于住宅公共空间内，同时应充分考虑防盗安全。

2 新建废水立管，将混接的阳台废水分别经带存水弯的横支管接入新建废水立管；废水立管顶端应设置伸顶通气管，通气管的设置应满足现行国家标准《建筑给水排水设计标准》GB 50015 的规定；原雨落水管上的废水接入管管口应封堵。

9.2.14 垃圾房应进行密闭化改造，垃圾房内四周应设置排水及沉淀过滤设施；无条件改造的露天垃圾堆放点，应设置专用冲洗水收集及沉淀过滤设施，并防止雨水混入。

9.3 材料要求

9.3.1 室外非地埋的雨污水管道材料应满足下列要求：

1 雨污水管道均宜采用 UPVC 加筋管及橡胶圈接口，覆土小于 3 m 时，环刚度大于或等于 8 kN/m^2；覆土大于 3 m 时，环刚度大于或等于 12.5 kN/m^2。

2 管材环柔性应满足试样圆滑、无反向弯曲、无破裂要求；冲击性能小于或等于 10%，蠕变比率小于或等于 2.5。

9.3.2 雨水管道管径为 DN500～DN600 时，应满足下列要求：

1 采用高密度聚乙烯(HDPE)双壁缠绕管，环刚度大于或等于 12.5 kN/m^2。

2 管材环柔性应满足无分层、无破裂，管材壁结构的任何部分在任何方向不发生永久性的屈曲变形，包括凹陷和突起。

3 冲击性能小于或等于 10%，蠕变比率小于或等于 4。

9.3.3 位于绿化带内的检查井宜采用一次性注塑成型的塑料成

品井，井盖采用复合树脂井盖；位于车行道或可停车位置的井盖，应采用双层防护井盖。位于车行道上的检查井，宜采用混凝土砌块窨井，井盖采用钢纤维混凝土井盖。

9.3.4 埋地管道宜采用高密度聚乙烯（HDPE）双壁波纹管或高密度聚乙烯（HDPE）双壁缠绕管及橡胶圈接口，环刚度大于或等于 4 kN/m^2；位于小区出入口处的，环刚度宜大于或等于 12.5 kN/m^2；高密度聚乙烯（HDPE）承插式双壁波纹管管材应符合现行国家标准《埋地用聚乙烯（PE）结构壁管道系统　第 1 部分：聚乙烯双壁波纹管材》GB/T 19472.1 的规定。高密度聚乙烯（HDPE）承插式双壁缠绕管管材应符合现行国家标准《埋地用聚乙烯（PE）结构壁管道系统　第 2 部分：聚乙烯缠绕结构壁管材》GB/T 19472.2 的规定。

9.3.5 建筑物出墙管应采用 UPVC 排水管及橡胶圈接口，环刚度大于或等于 4 kN/m^2。

9.3.6 立管出户连接井宜采用一次性注塑成型的塑料成品井，井盖采用复合树脂井盖。水封井应采用一次性注塑成型的塑料成品井，井盖采用复合树脂井盖。

9.4 施工要求

9.4.1 雨污混接改造工程施工时，如现场情况与设计图不符，应及时联系参建单位，共同商定后再进行方案调整。

9.4.2 施工现场应有安全标志平面布置图，主要施工部位、作业点和危险区域及主要通道口均应挂设相关的安全标志等，安全标志应符合现行国家标准《安全标志及其使用导则》GB 2894 的规定。

9.4.3 施工前，施工单位应对本工程施工影响范围内的管线、设施等进行监测和保护，并应符合下列要求：

1 在管线较为复杂处施工时，应进行高精度物探，制定包含对现状管线、设施等保护措施、应急措施的专项方案，并应经各管线权属单位批准后方可施工。

2 实施管线与其他工程管线平行或交叉时，管线之间的最小水平和垂直净距应按现行国家标准《城市工程管线综合规划规范》GB 50289 和《室外排水设计标准》GB 50014 确定。

3 塑料排水管道与检查井连接时，检查井基础与管道基础之间应设过渡段，并按现行行业标准《埋地塑料排水管道工程技术规程》CJJ 143 的相关规定执行。

4 开槽埋管等造成的道路破损，应进行路面修复，并宜结合小区道路修缮改造计划进行。

9.4.4 施工场地内应设置排水沟及沉淀池，出口处设置清洗槽和过滤网，施工及清洗车辆污水进入沉淀池，未经沉淀处理的污水不应直接进入城市排水系统。

9.4.5 管道同检查井连接时，应采用刚性连接；砌筑检查井井壁时，宜采用现浇 C20 混凝土包封插入井壁的管端，包封厚度不宜小于 100 mm。

9.4.6 管道与检查井连接后，应在管端连接部位的内外井壁做防水层，确保检查井的整体抗渗。

9.4.7 管材下管时，应采用可靠的吊具，平稳下沟，不得与沟壁、沟底激烈碰撞，吊装时应设 2 个支撑点，不得采用穿心吊。

9.4.8 铺设后管壁局部损坏的，损坏孔径不大于 60 mm 或环向、纵向裂缝不超过管周长的 1/12 时，应进行修补；损坏超过上述范围时，应采用切除破损管段，更换管道或增加砌筑检查井、连接井等措施。

9.4.9 雨污水管道开挖工程完工后应在 5 d 内完成土方回填，有特殊施工技术要求的在 7 d 内完成土方回填，并恢复地面原状。

9.4.10 回填时沟槽内应无积水，不得带水回填，不得回填淤泥和有机物，回填土中不得含有石块、砖及其他杂硬物体。

9.4.11 管道铺设完毕后，应对施工期间路面及绿化被破坏的区域进行恢复。

9.4.12 纳管前应先铺设临时管道，在纳管检查完毕后再把管道接入。

9.4.13 沟槽采用钢板桩或临时支撑时，在回填土达到规定高度后方可拔出钢板桩，并及时回填桩孔和压实。

9.5 质量要求

9.5.1 管道施工完成后应对管材的质量、接头进行检查，并进行管道视频检测和闭水试验。如有淤泥、垃圾、管道损坏，需清理、修复后再次检测。涉及阳台立管改造的，立管连接件应设置齐全、位置正确、安装牢固，连接部位无扭曲、变形。

9.5.2 雨污水立管及地面管网标识走向应清晰，且与设计相符。

9.5.3 管道施工完成 24 h 后，应检测污水管道是否有渗水、漏水现象；检查雨水管道是否有污水或地下水流入等。发现渗漏，应及时修复至无渗漏为止。

9.5.4 末端截流设施的液位控制和阀门开关应正常使用。

9.5.5 住宅小区雨污混接改造工程的验收还应符合现行国家标准《给水排水管道工程施工及验收规范》GB 50268 和《建筑给水排水及采暖工程施工质量验收规范》GB 50242 等相关标准的规定。

本标准用词说明

1 为了便于在执行本标准条文时区别对待，对要求严格程度不同的用词说明如下：

1) 表示很严格，非这样做不可的用词：
正面词采用“必须”；
反面词采用“严禁”。

2) 表示严格，在正常情况均应这样做的用词：
正面词采用“应”；
反面词采用“不应”或“不得”。

3) 表示允许稍有选择，在条件许可时首先应这样做的用词：
正面词采用“宜”；
反面词采用“不宜”。

4) 表示有选择，在一定条件下可以这样做的用词，采用“可”。

2 标准中指定应按其他有关标准执行时，写法为“应符合……的规定(要求)”或“应按……执行”。

引用标准名录

1 《热轧型钢》GB/T 706
2 《安全标志及其使用导则》GB 2894
3 《陶瓷砖》GB/T 4100
4 《铝合金门窗》GB/T 8478
5 《门、窗用未增塑聚氯乙烯(PVC-U)型材》GB/T 8814
6 《合成树脂乳液外墙涂料》GB 9755
7 《复层建筑涂料》GB/T 9779
8 《建筑用墙面涂料中有害物质限量》GB 18582
9 《埋地用聚乙烯(PE)结构壁管道系统　第1部分:聚乙烯双壁波纹管材》GB/T 19472.1
10 《埋地用聚乙烯(PE)结构壁管道系统　第2部分:聚乙烯缠绕结构壁管材》GB/T 19472.2
11 《玻纤胎沥青瓦》GB/T 20474
12 《室外排水设计标准》GB 50014
13 《建筑给水排水设计标准》GB 50015
14 《建筑照明设计标准》GB 50034
15 《建筑物防雷设计规范》GB 50057
16 《屋面工程质量验收规范》GB 50207
17 《建筑给水排水及采暖工程施工质量验收规范》GB 50242
18 《通风与空调工程施工质量验收规范》GB 50243
19 《给水排水管道工程施工及验收规范》GB 50268
20 《城市工程管线综合规划规范》GB 50289
21 《屋面工程技术规范》GB 50345
22 《坡屋面工程技术规范》GB 50693

23 《建筑施工脚手架安全技术统一标准》GB 51210
24 《城镇内涝防治技术规范》GB 51222
25 《建筑与市政工程防水通用规范》GB 55030
26 《城镇道路工程施工与质量验收规范》CJJ 1
27 《埋地塑料排水管道工程技术规程》CJJ 143
28 《水性多彩建筑涂料》HG/T 4343
29 《高处作业吊篮安装、拆卸、使用技术规程》JB/T 11699
30 《混凝土界面处理剂》JC/T 907
31 《聚合物水泥防水砂浆》JC/T 984
32 《墙体饰面砂浆》JC/T 1024
33 《修补砂浆》JC/T 2381
34 《合成树脂乳液砂壁状建筑涂料》JG/T 24
35 《建筑涂饰工程施工及验收规程》JGJ/T 29
36 《房屋渗漏修缮技术规程》JGJ/T 53
37 《塑料门窗工程技术规程》JGJ 103
38 《民用建筑修缮工程施工标准》JGJ/T 112
39 《建筑玻璃应用技术规程》JGJ 113
40 《民用建筑修缮工程查勘与设计标准》JGJ/T 117
41 《建筑施工扣件式钢管脚手架安全技术规范》JGJ 130
42 《混凝土结构后锚固技术规程》JGJ 145
43 《建筑外墙用腻子》JG/T 157
44 《弹性建筑涂料》JG/T 172
45 《建筑施工承插型盘扣式钢管脚手架安全技术标准》JGJ/T 231
46 《建筑外墙防水工程技术规程》JGJ/T 235
47 《建筑室内用腻子》JG/T 298
48 《合成树脂装饰瓦》JG/T 346
49 《建筑防护栏杆技术标准》JGJ/T 470
50 《公路沥青路面施工技术规范》JTG F40

51 《多层住宅平屋面改坡屋面工程技术规程》
DG/TJ 08—023

52 《道路、排水管道成品与半成品施工及验收规程》
DG/TJ 08—87

53 《温拌沥青混合料路面技术规程》DG/TJ 08—2083

54 《既有居住建筑节能改造设计标准》DG/TJ 08—2136

55 《城市道路桥梁工程施工质量验收规范》
DG/TJ 08—2152

56 《水泥混凝土路面加铺沥青混合料面层技术规程》
DG/TJ 08—2184

57 《住宅修缮工程施工质量验收规程》DG/TJ 08—2261

上海市工程建设规范

住宅屋面及其他设施修缮改造技术标准

DG/TJ 08—2456—2024
J 17764—2024

条 文 说 明

2025　上海

目　次

Contents

1 总 则

1.0.1 从2013年起，旧住房综合改造工作成为上海市“四位一体”住房保障体系的重要补充，其中成套改造、厨卫综合改造、屋面及其他设施修缮改造三类旧住房综合改造项目已成为本市民生、民心工程的重要组成内容。屋面及其他设施修缮改造属于本市旧住房修缮体量最大的类别，主要涉及多层职工住宅，改造内容包括屋面、外立面、小区道路、公共部位、设备设施等，覆盖范围较广，情况复杂。为了规范本市旧住房屋面及其他设施修缮改造工程的实施，特制定本标准。

1.0.3 本标准对旧住房屋面及其他设施修缮改造中的查勘、设计、材料、施工和验收等做了规定，但旧住房屋面及其他设施修缮改造涉及的材料、技术很多，部分改造项目已有相应的标准和规范。因此，在实施旧住房屋面及其他设施修缮改造工程时，除应符合本标准外，尚应符合国家、行业和本市现行有关标准的规定。

2 术 语

2.0.1 基于本市旧住房屋面及其他设施修缮改造工程实践情况,结合《关于下达本市旧住房修缮改造市级补贴标准的通知》(沪房更新〔2019〕80 号)等文件的相关规定,明确屋面及其他设施修缮改造的含义。修缮工程宜不低于修缮前的技术性能水平,改造工程整体性能宜高于改造之前。

3 基本规定

3.0.2 所有的高层建筑以及有面砖、马赛克、水刷石饰面、石材饰面、GRC装饰线条的多层建筑在涉及外墙面改造时，应确保建筑外墙面的安全。通过专业检测后，对有高空坠落物隐患的建筑应首先采取外立面加固修缮等措施。

3.0.5 旧住房屋面及其他设施修缮改造使用的材料、部件、设备等的质量，应符合国家、行业及本市相关标准，严禁使用国家、本市禁限目录以及应备案而未取得备案证的建设材料。

3.0.8 屋面与外立面交界处宜尽量保持原有风格、风貌。改造后坡屋面应与周边建筑物等相协调，不影响市容市貌。

4 平屋面修缮改造

4.2 查勘与设计要求

4.2.1 调查表明，90％的渗漏是由占比面积不到1％的细部构造的防水处理措施不当或失败而造成的，如天沟、檐口、檐沟、屋面转角处以及伸出屋面管道周围等容易出现渗漏的部位。屋面排水系统设计不合理、施工质量隐患或排水不顺畅等造成的积水也容易引起渗漏。因此，应对屋面防排水细部构造进行重点检查。

4.2.13 现行国家标准《屋面工程技术规范》GB 50345 规定卷材之间的搭接宽度为 100 mm，为了提高新旧防水材料搭接处的防水性能，新旧防水层搭接宽度增加至 150 mm。

4.3 材料要求

4.3.3 本条给出了屋面工程渗漏修缮材料选用的原则，相关内容参考了现行国家标准《屋面工程质量验收规范》GB 50207 的规定。根据原屋面防水层作法、渗漏现状、特征以及施工条件、经济条件、工程造价等因素，同时考虑对原防水层破坏小、修缮改造产生的建筑垃圾少等选择适宜的防水材料。

4.3.4 本条规定是为了充分发挥材料各自的优势，实现最优防水性能。屋面渗漏修缮推荐多种材料复合使用，刚柔相济，综合治理，实现渗漏修缮目的。当不同材料复合使用时，相互间不能出现材料性能劣化、丧失功能的不良反应，如溶胀、降解、咯破等现象。

4.4 施工要求

4.4.1 基层处理是做好防水工作的基本要求，基层表面的异物、杂物应清除干净，基层表面有裂缝处、凹凸不平处应进行修补平整，处理后的基层应坚实、干燥、平整、干净。

5 坡屋面修缮改造

5.2 查勘与设计要求

5.2.2 瓦屋面渗漏查勘应重点检查瓦件自身质量缺陷、节点部位、施工质量弊病等，可采用雨天室内观察的方法查找渗漏部位。瓦屋面渗漏一般多发生在屋脊、泛水、上人孔等部位。

5.2.6 混凝土屋面出现大面积渗漏时，其屋面防水层大面积失效，其结构层、保温层、保护层均受到渗漏水的浸泡，需进行翻新改造。

6　外立面修缮改造

6.1　一般规定

6.1.2　迎水面防水可对墙体起到防水防护的作用，延长结构使用寿命，并杜绝渗漏水在防水构造层下窜水。

6.2　查勘与设计要求

6.2.1　外墙渗漏现场查勘应结合外墙结构、材料性能和使用情况综合分析，查清渗漏原因，对变形缝等节点部位应重点查勘。

6.4　施工要求

6.4.1　外墙已空鼓部位应铲除干净，基层未清理干净会直接影响后续材料与基层的粘结。为确保后续材料与基层能粘结牢固，应采用综合性能优异的基层处理剂涂刷一遍，以增强基层粘结性能。

6.4.5　外墙裂缝渗漏修缮应视其宽度，采用相应的材料和维修措施。外墙墙面经修补后应坚实、平整、无浮渣。墙面龟裂用防水剂或合成高分子防水涂料等进行修缮，关键是控制好喷涂范围及涂膜厚度，使涂料充分覆盖裂缝。宽度较大的裂缝，重点处理好裂缝、周围基层及嵌缝。

6.4.6　目前上海外墙系统多样，使得外墙裂缝多种多样，有些保温外墙裂缝很难用简单的语句描述完整，故本条规定只针对非保温墙体裂缝的修补方法。

7 公共部位修缮改造

7.2 查勘与设计要求

7.2.5 混凝土楼梯、栏杆、扶手存在混凝土保护层脱落缺损、露筋等损坏现象进行修复时，应将损坏部位洗干净后用1∶2或1∶2.5水泥砂浆将露筋部位抹压平整，并进行养护。对露筋较深的情况，将薄弱混凝土和突出的颗粒凿除，洗刷干净后，用比原来高一强度等级的细石混凝土填塞压实并养护。

7.4 施工要求

7.4.1 腻子批刮时，第一遍用胶皮刮板横向满刮，一刮板接着一刮板，接头不得留接槎，每刮一刮板最后收头时，要注意干净利落。干燥后用砂纸磨，将浮腻子及斑迹磨平磨光，再将墙面清扫干净。第二遍用胶皮刮板竖向满刮，所用材料和方法同第一遍腻子，干燥后用砂纸磨平并清扫干净。第三遍用胶皮刮板找补腻子，用钢片刮板满刮腻子，将墙面等基层刮平刮光，干燥后用细砂纸磨平磨光，不得漏磨或将腻子磨穿。阴阳角安排熟练工进行打磨。

涂料面涂时，由于乳胶漆膜干燥较快，应连续迅速操作，涂刷时从一头开始，逐渐涂刷向另一头，上下顺刷、互相衔接，后一排紧接前一排，避免干燥后再处理接头。

7.4.5 安装组合窗时，应将两窗框与拼樘料卡接，卡接后应用紧固件双向拧紧，其间距应小于或等于600 mm，紧固件端头及拼樘料与窗框间的缝隙应用嵌缝膏进行密封处理。拼樘料型钢两端必须与洞口固定牢固。

7.4.6 涂装工艺采用喷涂施工时，应调整好喷嘴口径、喷涂压力，喷枪胶管能自由拉伸到作业区域，空气压缩机气压应在 0.4 N/mm^2～0.7 N/mm^2。喷涂时，应保持好喷嘴与涂层的距离，一般喷枪与作业面距离应在 100 mm 左右，喷枪与钢结构基面角度应该保持垂直，或喷嘴略为上倾为宜。

栏杆喷漆后，在 4 h 之内如遇有下雨，应加以覆盖，防止水气影响涂层的附着力。喷漆后的栏杆勿接触酸类液体，防止咬伤涂层。喷漆作业气温应在 5℃～38℃，当天气温度低于 5℃时，应选用相应的低温油漆材料施涂；当气温高于 40℃时，应停止油漆作业；当构件温度超过 40℃时，在钢材表面涂刷油漆会产生气泡，降低漆膜的附着力；当空气湿度大于 85%时，不宜进行涂装作业。

8　小区道路修缮改造

8.1　一般规定

8.1.1　本条从规划、设计和施工角度明确了小区道路修缮改造的主要原则。根据现行国家标准《城市居住区规划设计标准》GB 50180，住宅小区道路是城市道路交通系统的组成部分，也是承载城市生活的主要公共空间。小区道路不仅要满足城市交通通行的需要，更要融入城市交通网络，因此要确保小区与市政接口的顺畅。同时，小区内的机动车、非机动车和人行道路路网结构应层次分明、功能明确，以使老旧小区内的道路更大程度适应现代生活的需求。同时，从安全角度出发，亦应结合小区情况完善应急道路系统。

8.1.4　小区道路修缮改造设计应根据现状条件以及现行国家标准《民用建筑设计统一标准》GB 50352、《城市居住区规划设计标准》GB 50180、《住宅建筑规范》GB 50368，现行行业标准《城市道路工程设计规范》CJJ 37，现行上海市工程建设规范《住宅设计标准》DGJ 08—20、《建筑工程交通设计及停车库(场)设置标准》DG/TJ 08—7、《城市居住区交通组织规划与设计标准》DG/TJ 08—2027、《城市道路设计规程》DGJ 08—2106 等相关规定和要求制定；无障碍设计应符合现行国家标准《无障碍设计规范》GB 50763 和现行上海市工程建设规范《无障碍设施设计标准》DGJ 08—103 的相关规定。

小区道路修缮改造施工应符合现行行业标准《城镇道路工程施工与质量验收规范》CJJ 1 和现行上海市工程建设规范《城市道路桥梁工程施工质量验收规范》DG/TJ 08—2152、《房屋修缮工程技术规程》DG/TJ 08—207、《道路、排水管道成品与半成品施工及验收规程》DG/TJ 08—87 的相关规定。

小区道路修缮改造施工质量检验的(子)分部工程、分项工程及检验批划分,以及质量验收程序和组织应符合现行上海市工程建设规范《城市道路桥梁工程施工质量验收规范》DG/TJ 08—2152、《住宅修缮工程施工质量验收规程》DG/TJ 08—2261 的相关规定。

8.1.5 考虑海绵城市的发展理念与韧性城市建设需求,本标准鼓励透水铺装、道路渗井等逐步在小区道路修缮改造中探索应用,相关内容应符合现行国家标准《海绵城市建设评价标准》GB/T 51345 的相关规定。

8.2 查勘与设计要求

8.2.1 本条规定了小区路网改造的总体设计内容和要求,包括机动车、非机动车和人行的道路,配套附属设施包括排水、照明、绿化和景观等。

8.2.2,8.2.3 此两条规定了小区道路路网规划的总体要求。对外要与市政交通有机合理顺畅的衔接,并在出入口有限速措施;对内要求道路通达每个旧住房的安全出口,且每个单元宜有 1 个出入门厅口可以通达机动车。

8.2.4 现行国家标准《城市居住区规划设计标准》GB 50180、《民用建筑设计统一标准》GB 50352 和现行上海市工程建设规范《城市居住区交通组织规划与设计标准》DG/TJ 08—2027 等均对住宅小区的道路宽度、纵坡控制指标、边缘与建(构)筑物的最小距离等提出了要求(表 1),在小区场地条件允许的情况下应综合考虑并符合这些规定。

表 1 住宅小区的道路宽度、纵坡控制指标、边缘与建(构)筑物的最小距离

序号	规范	内容
1	《城市居住区规划设计标准》GB 50180—2018	6.0.4 路面宽度、纵坡控制指标 6.0.5 道路边缘与建(构)筑物的距离

续表1

序号	规范	内容
2	《民用建筑设计统一标准》GB 50352—2019	5.2.2　基地道路设计宽度、转弯半径、回车场地 5.2.3　基地道路与建筑物的关系
3	《城市居住区交通组织规划与设计标准》DG/TJ 08—2027—2018	6.2.2　分别明确了小区路、组团路和宅间小路的路面宽度 6.2.3　居住小区内道路纵坡控制指标

8.2.7　本条规定了小区道路修缮改造路面设计时的特性要求，并根据本市住宅小区道路修缮改造的常见做法，里弄建筑、公寓、职工住宅等不同住宅建筑类型和小区环境景观情况，合理采用沥青混凝土路面或混凝土路面。

8.2.8　根据《上海市城市总体规划(2017—2035 年)》和小区道路修缮改造发展需求和趋势，小区道路修缮改造在条件允许的情况下会考虑增设慢行通道，本条规定了慢行通道路面铺装形式与配套措施设计要求。

8.3　材料要求

8.3.1　现行行业标准《城镇道路工程施工与质量验收规范》CJJ 1 和现行上海市工程建设规范《城市道路桥梁工程施工质量验收规范》DG/TJ 08—2152 对进场的原材料、成品半成品和预制构件的质量管理提出了相关要求。

8.3.2　根据现行行业标准《公路水泥混凝土路面设计规范》JTG D40 的相关规定，本条规定了砂的颗粒直径及细度模数。

8.3.4　本条规定了沥青路面沥青设计标号以及相关技术指标应当遵循的标准要求。

8.3.5　本条依据现行上海市工程建设规范《道路、排水管道成品与半成品施工及验收规程》DG/TJ 08—87 规定了住宅小区道路修缮改造所用混凝土成品构配件尺寸规格、允许偏差、强度等级内容的控制指标。

配套混凝土构件的混凝土抗压强度检验应符合现行国家标准《混凝土强度检验评定标准》GB/T 50107 的规定；混凝土侧平石外观质量、尺寸偏差、力学性能、物理性能及其试验方法、抽检规则尚应符合现行行业标准《混凝土路缘石》JC/T 899 的相关规定。

8.3.6 本条规定了人行道铺贴材料的检验内容和要求。

8.4 施工要求

8.4.1 考虑不间断使用的要求和老旧小区历史沿革情况复杂性，对小区道路修缮改造及后续新建道路，需要施工前查明影响范围内地下管线、周边影响条件，确保改造期间居民的正常生活和通行。管线分布包括各类地下管线、检查井、雨水口等，重要管线施工，除应向全体施工人员班组交底、插牌标志外，必须请所属主管单位派员现场监护，防止出现意外事故；对影响范围埋深较浅的既有地下管线，作业中可能受损时，应向建设单位、设计单位提出加固或移位措施方案，并办理手续后实施。

8.4.2 原有道路沥青混凝土、石灰土、碎石等可用推土机松土器、风镐等机械破除后，再用推土机开挖底层；水泥混凝土可用液压破碎锤等机械破碎配合推土机松土器进行；对各种井、电杆、构筑物周围要离开适当距离，必要时可配合风镐人工刨除；原侧平石拆除后，应根据设计对其坑槽进行清理和回填处理；挖方路基接近设计标高时，应根据土质适当留虚高、平地机找平。如有超挖，应选用合格材料回填并碾压密实达到规定要求，并应根据道路中心线检查两侧宽度。

8.4.3 路基碾压应从路边开始逐渐移向路中，并于全路幅宽内顺序均匀压实，大面积可采用双轮振动压路机、三轮压路机或轮胎压路机，边角应用人工夯实或小型压实机具压实。双轮振动压路机碾压路基，重叠宽度至少 300 mm，碾压速度不宜超过 4 km/h；三轮压路机碾压路基，每次错半轮；轮胎压路机碾压路基，每次轮胎应重叠半轮，碾压速度不宜超过 4 km/h。

8.4.5 本条规定了侧平石砌筑施工标高确定方式。

8.4.6 本条规定了侧平石砌筑砂浆施工要求，勾缝后洒水覆盖养护不少于 3 d，最后达到整齐美观。

8.4.7 混凝土路面板块划分应从路口开始，不得出现锐角；曲线段分块，应使横向分块线与该点法线方向一致；直线段分块线应与面层胀、缩缝结合，分块距离宜均匀；分块线距检查井盖的边缘宜大于 1 m。

8.4.8 本条规定了混凝土路面模板方案的确定方式。

8.4.9 混凝土路面的抹面一般需要 3 遍。第一遍抹面全幅振捣夯实整平后，手拉型夯拉搓 1 遍，长塑料抹子用力揉压平整，揉压出灰浆使其均匀分布在混凝土表面；第二遍抹面工作紧接第一遍抹面完成后，应用短塑料抹子进一步找平混凝土板面；第三遍在混凝土将初凝且能上人时进行。

8.4.10 抗滑构造深度应均匀，不损坏构造边棱，耐磨抗冻，不影响路面和桥面的平整度。沟槽制作宜选用拉毛压纹机械施工，在混凝土表面泌水完毕 20 min～30 min 内应及时进行拉槽；拉槽深度应为 2 mm～4 mm，槽宽 3 mm～5 mm，槽间距 15 mm～25 mm。

混凝土路面拉槽完毕后应及时养护，在面层混凝土弯拉强度达到设计强度且填缝完成前，不得开放交通；混凝土强度未达到 1.2 MPa 或设计强度 40%前，不得上人。养护时间宜根据施工季节合理确定，应不少于 14 d；养护方式可采用浇水、覆盖或喷洒养生剂等。

8.4.11 以旧的水泥混凝土路面作基层加铺沥青面层时，应根据旧路面质量，确定处治工艺，确认能满足基层要求后，方能加铺沥青层；旧路面处理后必须彻底清除浮灰，根据需要并做适当的镜刨处理，洒布粘层油，再铺筑新的结构层。经相关试验与设计确认符合要求的，按设计要求表面处理后可作为基层使用；对原混凝土路面层与基层间的空隙，应填充处理；对局部破损的原混凝土面层，应剔除并修补完好。

8.4.12 本条规定了利用小区原有沥青混凝土路面加铺沥青混凝土面层的技术要求。符合设计强度、基本无损坏的旧沥青路面经铣刨、拉毛、整平后可作基层使用；旧路面有明显损坏但强度能达到设计要求的，应调查损坏原因，进行全部或部分处理，挖除拥包、车辙及龟裂严重的结构层，填补坑槽并整平后，再加铺沥青面层；损坏严重、强度达不到设计要求的，应重新设计，不得直接作基层使用；旧沥青路面的整平应按高程控制铺筑，分层整平的一层最大厚度不宜超过 10 cm。

8.4.13 本条规定了面层施工前应复核和控制的内容。

8.4.14 沥青混凝土路面的摊铺应采用自动找平沥青摊铺机进行全宽度摊铺和刮平，摊铺时沥青混合料应确保摊铺缓慢、均匀、连续不间断。沥青混凝土路面应采用轮胎或振动压路机分初压、复压、终压（成型）三个阶段的碾压，碾压时压路机不得驶过新铺混合料的无保护端部。

8.4.15 本条规定了沥青混凝土路面接缝的技术要求和形式。

8.4.16 本条规定了热拌沥青混合料路面的开放交通控制要求。

8.4.17 本条规定了路面交通标志和标线的内容和要求。

8.5 质量要求

8.5.1 本条根据现行上海市工程建设规范《城市道路桥梁工程施工质量验收规范》DG/TJ 08—2152 与《住宅修缮工程施工质量验收规程》DG/TJ 08—2261 的相关规定，提出检验批的划分原则。

8.5.2 本条规定了侧平石的验收内容，检验方式可参照相关标准执行。

8.5.3 本条规定了沥青混凝土路面的验收内容，检验方式可参照相关标准执行。

8.5.4 本条规定了混凝土路面的验收内容，检验方式可参照相关标准执行。

8.5.5 本条规定了人行道路面的验收内容，检验方式可参照相关标准执行。

9 雨污混接改造

9.1 一般规定

9.1.1 雨污混接改造应以住宅小区雨、污水完全分流为目标，遵循“问题导向、因地制宜、合理可行、施工规范”的原则。

建筑单体雨污分流改造内容主要涉及南面阳台洗衣机水接入污水管，北面厨房排水接入污水管，雨水管排水接入雨水管。住宅小区室外排水系统应实行雨污水分流的排水体制，已有雨污水管道的改造区域，应对照问题清单，对错接、混接和渗漏等问题进行整改修复，不得设置或新增合流制的截污设施；已有合流制截污设施的改造区域，应查清源头，逐一分流后取消。

9.1.3 小区雨污分流改造中，可因地制宜设置源头减排设施，增加雨水在源头的“渗、滞、蓄、净、用”。

9.2 查勘与设计要求

9.2.2 雨污混接改造前的资料收集，除住宅小区雨污水管道竣工图和测量资料外，还应包括化粪池位置和进出管道情况。

9.2.9 旧住房由于原有排水管道老化、堵塞，居民或物业私自将厨房或卫生间的污水连接至明沟或雨水排水系统，应改接入小区污水管道。

9.2.10 对现状无排水系统或排水系统存在缺陷的小区商业，应单独设置排水系统接入市政管网，并设置相应预处理设施，不得与小区共用管道，并定期对预处理设施进行维护检查；对现状已设置排水系统并接入小区排水管道的小区商业，宜进行分离改造，对污水进行预处理，消除其对小区排水的不利影响。

9.2.13 旧住房阳台立管存在被洗衣水等污染，应采用增设独立的雨水立管或污水立管方式，实施雨污分流改造。

9.4 施工要求

9.4.3 根据设计图纸结合现场实际情况进行管道标高走向的定位和放线。标高采用水准仪进行测量，同时对各施工场所整体的管道，尤其是起点标高、化粪池进出口管底和检查井的标高，复测管道总管出口和连接井口的标高，以及支管同主管的坡度和标高。当复测同设计图纸出现有不符处时，及时同设计进行沟通和联系，以保证管道雨污水排放畅通。定位时，从第一标段的起点井开始至第一标段终端井为止，保持第一井至最后一个井之间的坡度。第一次复测后做好记录，倒序再进行复验。在铺设管道时，以这两点为基准线进行铺设。

9.4.12 纳管施工前应先铺设临时管道，主要是为了在施工期间不影响生活用水。等纳管检查完毕后，方可再把管道接入。